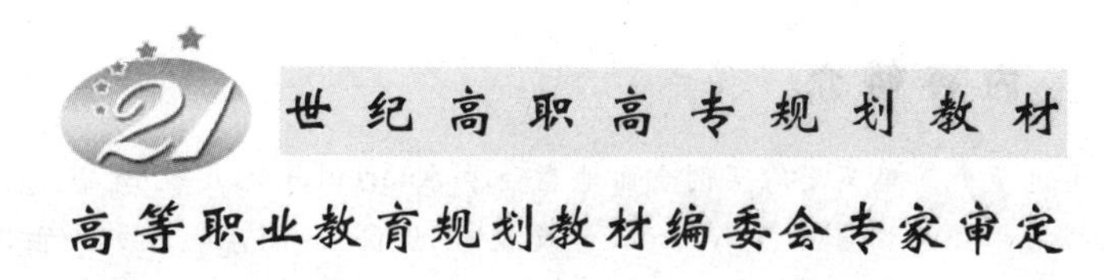

高等职业教育规划教材编委会专家审定

Android开发实例化教程

主　编　李　莉　路永涛
副主编　吴蓬勃　张　静

北京邮电大学出版社
www.buptpress.com

内容简介

本书以Android手机应用开发为主题，通过多个简单实用的实例全面地整合了Android手机开发所需的界面布局、基本控件、数据存储等技术，可以很好地帮助读者学习Android开发技术、提高自身的程序设计能力，更好地适应移动互联时代下的技术发展。

本书内容共分为4章。第1章讲解Java的基础知识；第2章讲解搭建Android开发环境的方法；第3章讲解Android中开发基本界面的方法；第4章讲解Android的高级开发，包括数据存储技术、多媒体播放器的开发。

本书内容丰富，实例经典，讲述语言简洁、由浅入深，既可作为各级各类高职院校学生的程序设计教材，也可作为软件开发人员的参考书或Android爱好者的自学参考书。

图书在版编目(CIP)数据

Android开发实例化教程 / 李莉，路永涛主编. --北京：北京邮电大学出版社，2015.8
ISBN 978-7-5635-4411-0

Ⅰ.①A… Ⅱ.①李… ②路… Ⅲ.①移动终端—应用程序—程序设计—教材 Ⅳ.①TN929.53

中国版本图书馆CIP数据核字(2015)第143297号

书　　名：Android开发实例化教程
著作责任者：李　莉　路永涛　主编
责任编辑：张珊珊
出版发行：北京邮电大学出版社
社　　址：北京市海淀区西土城路10号(邮编：100876)
发 行 部：电话：010-62282185　传真：010-62283578
E-mail：publish@bupt.edu.cn
经　　销：各地新华书店
印　　刷：北京睿和名扬印刷有限公司
开　　本：787 mm×1 092 mm　1/16
印　　张：13.5
字　　数：347千字
版　　次：2015年8月第1版　2015年8月第1次印刷

ISBN 978-7-5635-4411-0　　定价：29.00元

·如有印装质量问题，请与北京邮电大学出版社发行部联系·

前　言

Android 操作系统是由 Google 公司和开放手机联盟共同开发并发展的移动设备操作系统，目前已经成为炙手可热的智能手机操作系统。Android 系统易学、易用、功能强大，极大地降低了开发嵌入式应用程序的难度，大大地提高了程序开发的效率。为了帮助各院校师生全面、系统地学习这门课程，熟练地使用 Android 进行软件开发，笔者结合自己近几年的 Android 教学及开发经验，编写了这本《Android 开发实例化教程》，希望读者在本书的引领下进入 Android 开发世界，并成为一名合格的 Android 开发人员。

Android SDK 使用业界常用的 Java 语言开发，熟悉 Java 语言是开发的基础，所以我们首先从 Android 开发所必备的 Java 基础知识开始讲解。接着讲解 Android 开发环境的搭建，涵盖了 Android 程序的界面布局、控件使用、数据存储、多媒体播放器的开发等。书中的知识点都是通过一个个实际的应用实例来讲解的。

本书的特色在于：内容安排上从实际应用出发，以实例带动技术讲解，实用性强，且容易上手；实例的选择上注重由浅入深，突出重点，让涵盖的技术要点一目了然，明确直观，容易掌握；实例的讲解上配以源代码和效果图，让读者快速入门、理解；文字的叙述上注重言简意赅、重点突出。

本书由李莉、路永涛、吴蓬勃、张静共同编写。李莉负责全书的编排及统稿，并编写了第 4 章；张静编写了第 1 章；路永涛编写了第 2 章；吴蓬勃编写了第 3 章。

在本书的编写过程中，编者得到了石家庄邮电职业技术学院电信工程系领导、老师的关心和支持，在此表示衷心的感谢！

由于 Android 本身技术发展日新月异，而编者经验和水平有限，书中不妥及疏漏之处在所难免，敬请读者给予批评指正。

编　者

目　　录

第1章 Java编程基础

【内容简介】

本章主要介绍了Java基础知识,包括Java的环境搭建;Java的基本语法,其中包括Java的基本数据类型、Java变量和运算符、Java的流程控制等;类与对象的概念,包括对象与类的关系、面向对象和面向过程的区别等。

【重点难点】

重点:Java的基本语法;类与对象的概念。

难点:Java的环境搭建;对象与类的关系及抽象方法;掌握面向对象的编程方法。

1.1 Java程序设计概述

Java是一种高级的面向对象的程序设计语言,它提供了一个同时用于程序开发、应用和部署的环境。Java语言主要定位于网络编程,使得程序可以最大限度地利用网络资源。

1.1.1 什么是Java语言

Java是在1995年由Sun公司(Sun公司在2009年被Oracle公司收购)推出的一种极富创造力的面向对象的程序设计语言,它由Java之父James Gosling亲手设计,并完成了Java技术的原始编译器和虚拟机。Java最初的名字是OAK,在1995年被重命名为Java。

Java是一种通过解释方式来执行的语言,其语法规则和C++类似。同时,Java也是一种跨平台的程序设计语言。用Java语言编写的程序,可以运行在任何平台和设备上,例如跨越IBM个人电脑、MAC苹果系统、各种微处理器硬件平台,以及Windows、UNIX、OS/2、MAC OS等系统平台,从真正意义上实现了“一次编写、到处运行”。Java非常适合于企业网络和Internet环境,并且已成为Internet中最有影响力、最受欢迎的编程语言之一。

与目前常用的C++相比,Java语言简洁得多,而且提高了可靠性,除去了最大的程序错误根源,此外它还有较高的安全性,可以说它是有史以来最为卓越的编程语言。

Java语言编写的程序既是编译型的,又是解释型的。程序代码经过编译之后转换为一种称为Java字节码的中间语言,Java虚拟机JVM将对字节码进行解释和运行。编译只进行一次,而解释在每次运行程序时都会进行。编译后的字节码采用一种针对JVM优化过的机器码形式保存,虚拟机将字节码解释为机器码,然后在计算机上运行。Java语言程序代码的编译和运行过程如图1-1所示。

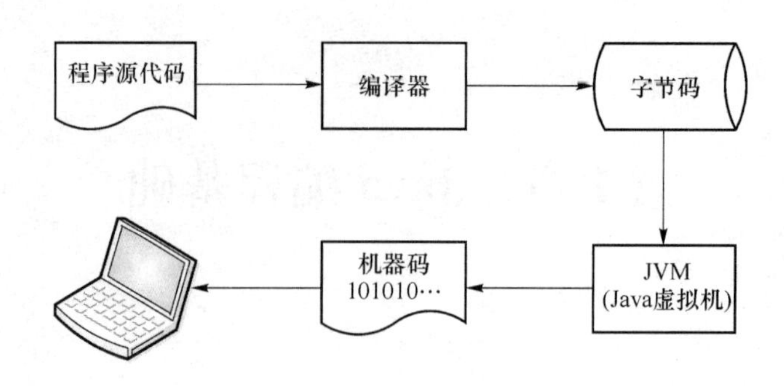

图 1-1　Java 程序的编译和运行过程

1.1.2　Java 的应用领域

Java 能做的事情很多,涉及编程领域的各个方面。

桌面级应用:尤其是需要跨平台的桌面级应用程序。先解释一下桌面级应用,简单地说就是主要功能都在本机上运行的程序,比如 Word、Excel 等运行在本机上的应用就属于桌面应用。

企业级应用:先解释一下企业级应用,简单地说就是大规模的应用,一般使用人数较多,数据量较大,对系统的稳定性、安全性、可扩展性和可装配性等都有比较高的要求。这是目前 Java 应用最广泛的一个领域,几乎一枝独秀。包括各种行业应用、企业信息化,也包括电子政务等,领域涉及办公自动化 OA、客户关系管理 CRM、人力资源 HR、企业资源计划 ERP、知识管理 KM、供应链管理 SCM、企业设备管理系统 EAM、产品生命周期管理 PLM、面向服务体系架构 SOA、商业智能 BI、项目管理 PM、营销管理、流程管理 WorkFlow、财务管理等几乎所有你能想到的应用。

嵌入式设备及消费类电子产品:包括无线手持设备、智能卡、通信终端、医疗设备、信息家电(如数字电视、机顶盒、电冰箱)、汽车电子设备等都是近年来热门的 Java 应用领域,尤其是手机上的 Java 应用程序和 Java 游戏,更是普及。

除了上面提到的,Java 还有很多功能,如进行数学运算、显示图形界面、进行网络操作、进行数据库操作、进行文件操作等。

Java 无处不在,它可应用于任何地方、任何领域,并且已拥有成百上千万个用户,其发展速度要快于在它之前的任何一种计算机语言。Java 能够给企业和最终用户带来数不尽的好处。

1.1.3　Java 的版本

自从 Sun 推出 Java 以来,就力图使之无所不能。Java 发展至今,可以按照应用范围不同分成 3 种版本,分别是 Java 标准版(JSE)、Java 企业版(JEE)和 Java 微缩版(JME),每一种版本都有自己的功能和应用方向。本节将分别介绍这 3 个 Java 版本。

1. Java 标准版: JSE(Java Standard Edition)

Java SE 就是 Java 的标准版,是 Sun 公司针对桌面开发以及低端商务计算解决方案而开发的版本,例如我们平常熟悉的 Application 桌面应用程序。Java 标准版是个基础版本,它包含 Java 语言基础、JDBC 数据库操作、I/O 输入输出、网络通信、多线程等技术。本教材主要讲的就是 JSE。

2. Java 企业版:JEE(Java Enterprise Edition)

Java EE 是 Java2 的企业版,是一种利用 Java 平台来简化企业解决方案的开发、部署以及管理相关复杂问题的体系结构。JEE 技术的基础就是核心 Java 平台或 Java 平台的标准版,JEE 不仅巩固了标准版中的许多优点,例如"编写一次、随处运行"的特性、方便存取数据库的 JDBC API、CORBA 技术以及能够在 Internet 应用中保护数据的安全模式等,同时还提供了对 EJB(Enterprise Java Beans)、Java Servlets API、JSP(Java Server Pages)以及 XML 技术的全面支持。其最终目的就是成为一个能够使企业开发者大幅缩短投放市场时间的体系结构。主要用于开发企业级分布式的网络程序,如电子商务网站和 ERP 系统。

3. Java 微缩版:JME(Java Micro Edition)

Java ME 是对标准版 JSE 进行功能缩减后的版本,主要应用于嵌入式系统开发,如寻呼机、移动电话等移动通信电子设备。JME 在开发面向内存有限的移动终端(例如寻呼机、移动电话)的应用时,显得尤其实用。因为它是建立在操作系统之上的,使得应用的开发无须考虑太多特殊的硬件配置类型或操作系统。因此,开发商也无须为不同的终端建立特殊的应用,制造商也只需要简单地使它们的操作平台可以支持 JME 便可。现在大部分手机厂商所生产的手机都支持 Java 技术。

1.1.4 Java 程序设计环境

Java 编程的初学者会经常听到老师强调"工欲善其事,必先利其器"这句话。在学习 Java 语言之前,必须先搭建好它所需要的开发环境。要编译和执行 Java 程序,JDK(Java Developers Kits)是必备的。下面将具体介绍下载并安装 JDK 和配置环境变量的方法。

1. JDK 下载

JDK 是整个 Java 的核心,包括了 Java 运行环境 JRE(Java Runtime Envirnment)、一些 Java 工具和 Java 基础的类库(rt. jar)。

JDK 的一个常用版本 JSE(Java SDK Standard Edition)可以从 Oracle 的 Java 网站上下载到:http://www. oracle. com/technetwork/java/javase/downloads/index. html,我们建议下载最新版本的,本教材使用的是 Java 7。

2. Windows 系统的 JDK 环境

(1) JDK 安装

下载 Windows 平台的 JDK 安装文件"jdk-7u7-windows-i586. exe"后,运行安装,期间选择安装路径(本教材的安装路径为 C:\Program Files\Java)。

(2) 配置环境变量

在 Windows 系统中配置环境变量的步骤如下。

① 在"计算机"图标上右击,选择"属性"命令,在弹出的对话框中选择"高级系统设置"选项卡,然后单击"环境变量"按钮,将弹出"环境变量"对话框,如图 1-2 所示。单击"系统变量"栏中的"新建"按钮,创建新的系统变量。

② 在如图 1-3 所示的"新建系统变量"对话框中,分别输入变量名"JAVA_HOME"和变量值"C:\Program Files\Java\jdk1. 7. 0_07",其中变量值是笔者的 JDK 安装路径,读者需要根据自己的计算机环境进行修改。单击"确定"按钮,关闭"新建系统变量"对话框。

③ 在如图 1-2 所示的"环境变量"对话框中双击 Path 变量对其进行修改,在原变量值之前

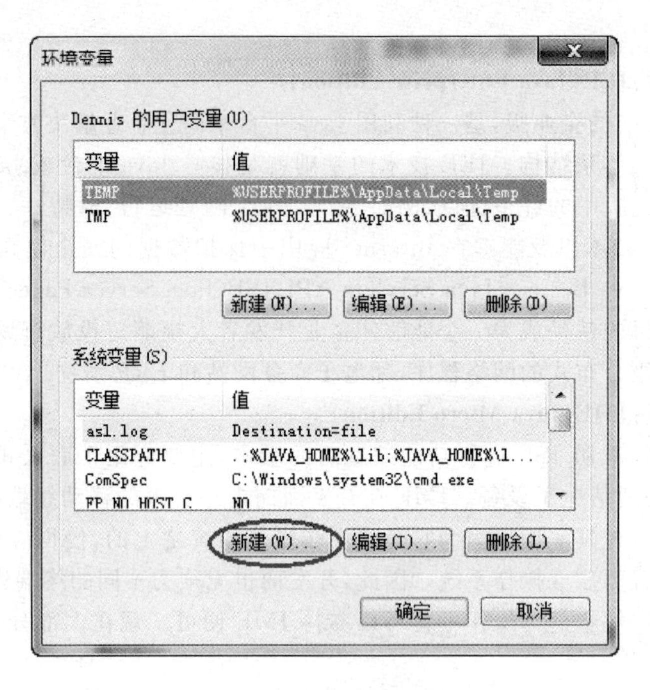

图 1-2 “环境变量”对话框

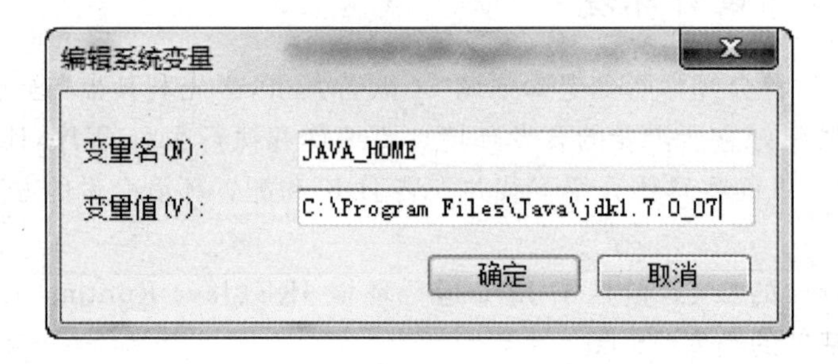

图 1-3 “新建系统变量”对话框

添加“.;%JAVA_HOME%\bin;”变量值(注意:最后的“;”不要丢掉,它用于分割不同的变量值)。单击“确定”按钮完成环境变量的设置。

④ JDK 安装成功之后必须确认环境变量配置是否正确。在 Windows 系统中测试 JDK 环境需要选择“开始”/“运行”命令,然后在“运行”对话框中输入“cmd”并单击“确定”按钮启动控制台。在控制台中输入“java-version”命令,按 Enter 键,将输出 JDK 的版本,如图 1-4 所示,这说明 JDK 环境搭建成功。

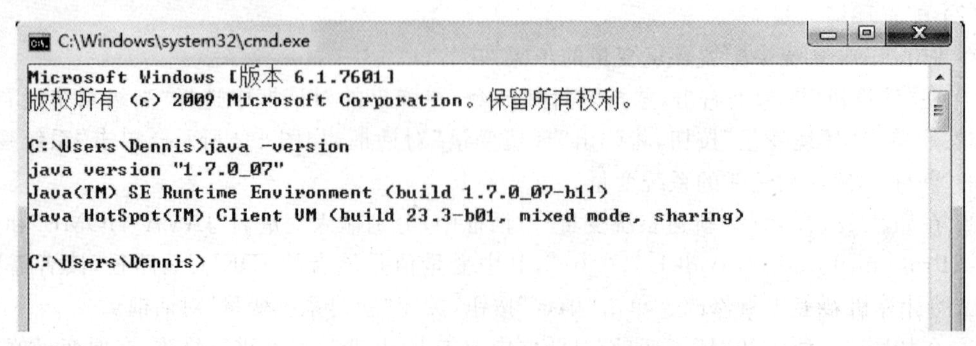

图 1-4 Windows 下测试 JDK 结果

1.1.5　第一个 Java 程序——HelloWorld

编写 Java 应用程序，可以使用任何一个文本编辑器来编写程序的源代码，然后使用 JDK 搭配的工具进行编译(javac. exe)和运行(java. exe)。当然，现在流行的开发工具可以自动完成 Java 程序的编译和运行。本节将介绍使用 UltraEdit 编辑器来开发一个简单的 Java 程序。

实例 1-1　编写一个 Java 程序，它在屏幕上输出"Hello，World"信息。

```
public class HelloWorld {
  public static void main(String[] args)
  {
        System.out.println("Hello,World");
  }
}
```

Java 源程序需要编译成字节码才能够被 JVM 识别，还需要使用 JDK 的"javac. exe"命令，假设"HelloWorld. java"(文件名必须与类名 HelloWorld 一致)文件保存在 D 盘 Java Codes 文件夹中。启动控制台，在控制台中输入"d:"命令将当前位置切换到 D 盘根目录，再通过输入"cd 子目录文件名"跳转到 Java 文件保存的子目录中，然后输入"javac　HelloWorld. java"命令编译源程序。源程序被编译后，会在相同的位置生成相应同名的". class"文件，该文件便是编译后的 Java 字节码文件，然后输入"java　HelloWorld"命令运行程序，屏幕上会输出"Hello，World"信息。

编译与运行 Java 程序的步骤以及运行结果如图 1-5 所示。

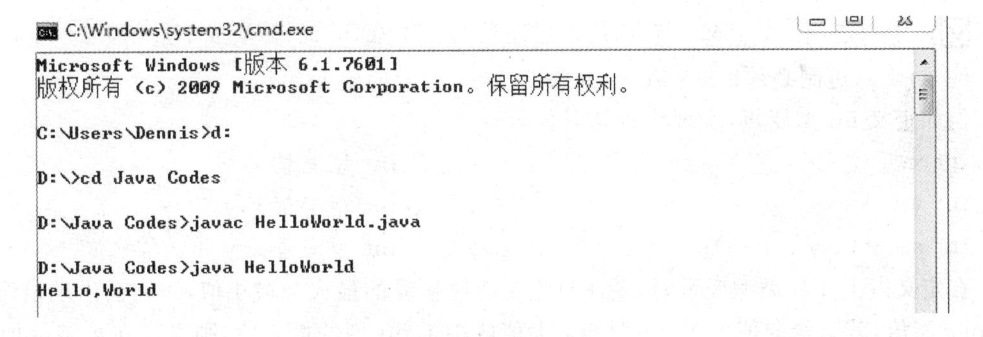

图 1-5　编译与运行 Java 程序的步骤以及运行结果

1.2　基本数据类型

在 Java 中，一共有 8 种基本数据类型，其中有 4 种整型、2 种浮点型、1 种用于表示 Unicode 编码的字符单元的字符型 char 和 1 种用于表示真值的 boolean 类型。

1.2.1　整型

整型用来存储整数数值，即没有小数部分的数值。可以是正数，也可以是负数。整型变量根据它在内存中所占大小的不同，可分为 byte、short、int 和 long 4 种类型。它们具有不同的取值范围,如表1-1所示。

表1-1　整型数据类型

数据类型	位数	取值范围
字节型	8	$-2^7 \sim 2^7-1$
短整型	16	$-2^{15} \sim 2^{15}-1$
整型	32	$-2^{31} \sim 2^{31}-1$
长整型	64	$-2^{63} \sim 2^{63}-1$

在通常情况下,int类型最常用。但如果表示地球上的居住人数,就需要使用long类型了。byte和short类型主要用于特定的应用场景,例如,底层的文件处理或者需要控制占用存储空间量的大数据。

在Java中,整型的范围与运行Java代码的机器无关。这就解决了软件从一个平台移植到另一个平台,或者在同一个平台中的不同操作系统之间进行移植时给程序员带来的诸多问题。由于Java程序必须保证在所有机器上都能够得到相同的运行结果,所以每一种数据类型的取值范围必须固定。

整数常量在Java程序中有3种表示形式,分别为十进制、八进制和十六进制。

☑ 十进制。十进制的表现形式大家都很熟悉,如120、0、-127。

注意:不能以0作为十进制数的开头(0除外)。

☑ 八进制。如0123(转换成十进制数为83)、-0123(转换成十进制数为-83)。

注意:八进制必须以0开头。

☑ 十六进制。如:0x25(转换成十进制数为37)、0Xb01e(转换成十进制数为45086)。

注意:十六进制必须以0X或0x开头。

例如定义int型变量,实现代码如下:

```
int x;                              //定义 int 型变量 x
int y;                              //定义 int 型变量 x,y
int x = 350, y = - 762;             //定义 int 型变量 x,y 并赋给初值
```

在定义以上4种类型变量时,要注意变量能够接受的最大与最小值,否则会出现错误。对于long型值,若赋给的值大于int型的最大值或小于int型的最小值,则需要在数字后加L或l,表示该数值为长整数,例如long num = 3241593732L。

实例1-2　在项目中创建类Number,在主方法中创建不同数值型变量,并将这些变量相加,将和输出。

```
public class Number
{                   //创建类
   public static void main(String[] args)
   {                //主方法
      byte mybyte = 123;                    //声明 byte 型变量并赋值
      short myshort = 23456;                //声明 short 型变量并赋值
      int myint = 12345678;                 //声明 int 型变量并赋值
      long mylong = 34567891;               //声明 long 型变量并赋值
```

```
        long result = mybyte + myshort + myint + mylong;  //获得各数相加后的结果
        System.out.println("结果为:" + "Java\u2122");  //将以上变量相加的结果输出
    }
}
```

运行结果如图 1-6 所示。

```
D:\Java Codes>javac Number.java

D:\Java Codes>java Number
结果为: 46937148
```

图 1-6　实例 1-2 运行结果

1.2.2　浮点类型

浮点类型表示有小数部分的数值。Java 语言中浮点类型分为单精度浮点类型(float)和双精度浮点类型(double)。它们具有不同的取值范围,如表 1-2 所示。

表 1-2　浮点型数据类型

类型	位数	取值范围
单精度浮点类型	32	1.4e−45～3.4e+38
双精度浮点类型	64	4.9e−324～1.7e+308

double 表示这种类型的数据精度是 float 类型的两倍。绝大多数应用程序都采用 double 类型。在多数情况下,float 类型的精度很难满足需求。在默认情况下小数都被看作 double 型,若想使用 float 型小数,则需要在小数后面添加 F 或 f。可以使用后缀 d 或 D 来明确表明这是一个 double 类型数据。但加不加“d”没有硬性规定,可以加也可以不加。而声明 float 型变量时如果不加“f”,系统会认为是 double 类型而出错。例如定义浮点型变量,实例代码如下:

```
float f1 = 13.23f;
double d1 = 4562.12d;
double d2 = 45678.1564;
```

1.2.3　字符类型

1. char 类型

char 类型用于表示单个字符,占用 16 位(两个字节)的内存空间,通常用来表示字符常量。在定义字符型变量时,要以单引号表示,例如‘A’表示编码为 65 所对应的字符常量。而“A”则表示一个包含字符 A 的字符串,虽然其只有一个字符,但由于使用双引号,所以它仍然表示字符串,而不是字符。例如:

```
char x = 'a';        // 声明字符型变量
```

由于字符 a 在 Unicode 表中的排序位置是 97,因此允许将上面的语句写成:

```
char x = 97;
```

2. 转义字符

转义字符是一种特殊的字符变量。转义字符以反斜线"\"开头,后跟一个或多个字符。转义字符具有特定的含义,不同于字符原有的意义,故称"转义"。例如,printf 函数的格式串中用到的"\n"就是一个转义字符,意思是"回车换行"。Java 中转义字符如表 1-3 所示。

表 1-3 转义字符

转义字符	说明	转义字符	说明
\'	单引号	\n	换行
\"	双引号	\f	换页
\\	斜杠	\t	跳格
\r	回车	\b	退格

1.2.4 boolean 类型

boolean(布尔)类型又称逻辑类型,只有两个值 true 和 false,用来判定逻辑条件。布尔值和整型值之间不能进行相互转换。布尔类型通常被用在流程控制中作为判断条件。通过关键字 boolean 定义布尔类型变量,实例代码如下:

```
boolean b;                  //定义布尔型变量 b
boolean b1, b2;             //定义布尔型变量 b1,b2
boolean b = true;           //定义布尔型变量 b,并赋给初值 true
```

1.2.5 数据类型转换

数据类型转换是将一个数值从一种数据类型更改为另一种数据类型的过程。例如,可以将 String 类型数据"678"转换为一个数值型。而且,可以将任意类型的数据转换为 String 类型。

如果从低精度数据类型向高精度数据类型转换,则永远不会溢出出错,并且总是成功的;而把高精度数据类型向低精度数据类型转换则必然会有信息的丢失,有可能失败。

数据类型转换有两种方式,即隐式类型转换与显式类型转换。

1. 隐式类型转换

从低级类型向高级类型的转换,系统将自动执行,程序员无须进行任何操作。这种类型的转换称为隐式转换。

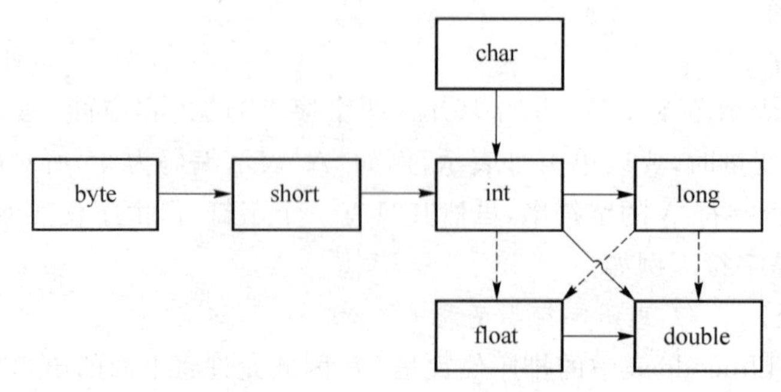

图 1-7 数值类型之间的合法转换

如图1-7所示，其中有6个实心箭头，表示无信息丢失的数据类型转换；有3个虚心箭头，表示有可能有精度丢失的数据类型转换。当使用上面两个数值进行二元操作时(例如a－b)，先要将两个操作数转换(默认自动完成转换)为同一种类型，然后进行计算。

(1) 如果两个操作数中有一个是double类型的，另一个操作数就会被默认转换为double类型。

(2) 否则，如果其中一个操作数是float类型，另一个操作数将会被默认转换为float类型。

(3) 否则，如果其中一个操作数是long类型，另一个操作数将会被默认转换为long类型。

(4) 否则，两个操作数都将会被转换成int类型。

实例1-3 使用int型变量为float型变量赋值，此时int型变量将隐式转换成float型变量。实例代码如下：

```
int x = 50;                //声明 int 型变量 x
float y = x;               //将 x 赋值给 y
```

此时执行输出语句，y的结果将是50.0。

2. 显式(强制)类型转换

当把高精度变量的值赋给低精度的变量时，必须使用显式类型转换运算(又称强制类型转换)。语法如下：

```
(类型名)要转换的值；
```

例如将不同的数据类型进行显式类型转换，实例代码如下：

```
int a = (int)45.23;         //此时输出 a 的值为 45
long y = (long)456.6F;      //此时输出 y 的值为 456
int b = (int)'d';           //此时输出 b 的值为 100
```

当执行显示类型转换时可能会导致精度损失。只要是boolean类型以外的其他基本类型之间的转换，全部都能以显式类型转换的方法达到。

```
byte b = (byte)129;         //此时输出 b 的值为 - 127
```

1.2.6 字符串

前面的章节中介绍了char类型，它只能表示单个字符，而由多个字符连接而成的称为字符串(String)。从概念上来说，Java字符串就是Unicode字符序列。Java中没有内置的字符串类型，而是在标准Java类库中提供了一个预定义类String。每个用双引号括起来的字符串都是String类的一个实例，例如：

```
String s = "";             //空字符串
String greeting = "Hello";
```

1. 声明字符串

在Java语言中字符串必须包含在一对“”(双引号)之内。字符串是由许多个字符连接而成的。例如“23.23”“ABCDE”“你好”，这些都是字符串的常量，字符串常量是系统能够显示的任何文字信息，甚至是单个字符。可以通过如下语法格式来声明字符串的变量：

```
String str = [null];
```

☑ String：指定该变量为字符串类型。

☑ str:任意有效的标识符,表示字符串变量的名称。

☑ null:如果省略 null,表示 str 变量是未初始化的状态,否则表示声明的字符串的值就等于 null。

例如:

```
String s;      // 声明字符串变量 s
```

2. 创建字符串

在 Java 语言中将字符串作为对象来管理,因此可以像创建其他类对象一样来创建字符串对象。创建对象要使用类的构造方法。String 类的常用构造方法如下。

(1) String(char a[])方法

用一个字符数组 a 创建 String 对象。例如:

```
char a[]={'g','o','o','d'};
String s=new String(a);
```
等价于 String s=new String("good")

(2) String (char a[], int offset, int length)

提取字符数组 a 中的一部分创建一个字符串对象。参数 offset 表示开始截取字符串的位置,length 表示截取字符串的长度。例如:

```
char a[]={'s','t','u','d','e','n','t'};
String s=new String(a,2,4);
```
等价于 Strings=new String ("uden");

(3) String (char[]value)

该构造方法可分配一个新的 String 对象,使其表示字符数组参数中所有元素连接的结果。例如:

```
char a[]={'s','t','u','d','e','n','t'};
String s=new String(a);
```
等价于 String s=new String("student");

除通过以上 String 类的构造方法来创建字符串变量以外,还可以通过字符串常量的引用赋值给一个字符串变量,实现代码如下:

```
String str1,str2;
        str1 = "We are students";
        str2 = "We are students";
```

此时 str1 与 str2 引用相同的字符串常量,因此具有相同的实体。内存示意图如图 1-8 所示。

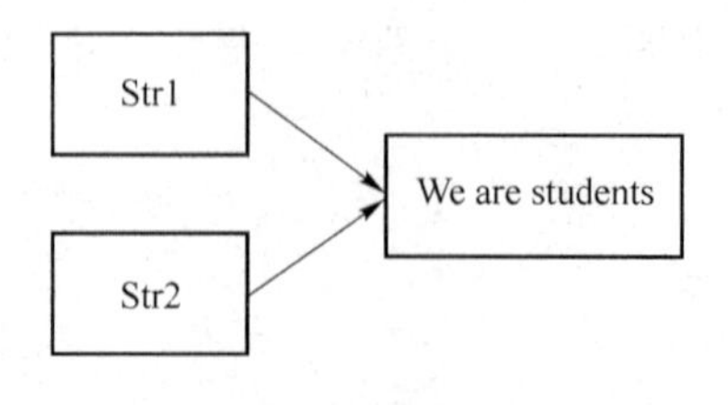

图 1-8　内存示意图

3. 字符串生成器

对于创建成功的字符串对象,它的长度是固定的,内容不能被改变和编译。虽然不使用"+"可以达到附加新字符或字符串的目的,但"+"会产生一个新的 String 实例,会在内存中创建新的字符串对象。如果重复地对字符串进行修改,将极大地增加系统开销。而 J2SE5.0

新增了可变的字符序列 StringBuilder 类，大大地提高了频繁增加字符串的效率。通过下面简单的测试就可以知道差距。

实例 1-4　在项目中创建类 Jerque，在主方法中编写如下代码，验证字符串操作和字符串生成器操作的效率。

```
public class Jerque            //新建类
{
    public static void main(String[] args)   //主方法
    {
        String str = "";                              //创建空字符串
        long starTime = System.currentTimeMillis();
                    //定义对字符串执行操作的起始时间
        for(int i = 0;i<10000;i++)
                    //利用 for 循环执行 10000 次操作
            {
            str = str + i;                            //循环追加字符串

            }
        long endTime = System.currentTimeMillis();
                    //定义对字符串操作后的时间
        long time = endTime-starTime;                 //计算对字符串执行操作
                                                        的时间
        System.out.println("String 消耗时间:" + time);  //将执行的时间输出
        StringBuilder builder = new StringBuilder("");  //创建字符串生成器
        starTime = System.currentTimeMillis();        //定义操作执行前的时间
        for(int j = 0;j<10000;j++)                    //利用 for 循环进行操作
            {
                builder.append(j);                    //循环追加字符
            }
        endTime = System.currentTimeMillis();         //定义操作后的时间
        time = endTime-starTime;                      //追加操作执行的时间
        System.out.println("StringBuilder 消耗时间:" + time);//将操作时间输出
    }
}
```

运行结果如图 1-9 所示。

```
D:\Java Codes>java Jerque
String消耗时间: 1035
StringBuilder消耗时间: 0
```

图 1-9　实例 1-3 运行结果图

通过这一实例可以看出执行时间差距很大。如果在程序中频繁地附加字符串，建议使用

StringBuilder。新创建的 StringBuilder 对象初始容量是 16 个字符，可以自行指定初始长度。如果附加的字符超过可容纳的长度，则 StringBuilder 对象将自动增加长度以容纳被增加的字符。若要使用 StringBuilder 最后输出的字符串结果，可使用 toString()方法。利用 StringBuilder 类中的方法可动态地执行添加、删除和插入等字符串的编辑操作。该类常用方法如下。

(1) append(content)：该方法用于向字符串生成器中追加内容。其中，参数 content 表示要追加到字符串生成器中的内容。可以是任何类型的数据或者其他对象。

(2) intsert(int offset,arg)：该方法用于向字符串生成器中的指定位置插入数据内容。

offset：字符串生成器的位置。该参数必须大于等于 0，且小于等于该序列的长度。

arg：将插入至字符串生成器的位置，该参数可以是任何数据类型或其他对象。

(3) delete(int start,int end)：移除此序列的子字符串中的字符。该子字符串从指定的 start 处开始，一直到索引 end－1 处的字符，如果不存在这种字符，则一直到序列尾部。如果 start 等于 end，则不发生任何改变。

start：将要删除字符串起点的位置。

end：将要删除字符串终点的位置。

StringBuilder 类常用方法举例：

```
public class StringBuilderMethods                        //创建类
{
  public static void main(String args[])                 //主方法
  {
    StringBuilder bf = new StringBuilder("Hello");       //创建字符生成器
    bf.append(",World");                                 //使用 append 方法
    System.out.println("使用 append 方法后 bf 里的内容是:" + bf.toString());
                    //输出使用 append 方法后 bf 里的内容
    bf.insert(11,"!");                                   //使用 insert 方法
    System.out.println("使用 insert 方法后 bf 里的内容是:" + bf.toString());
                    //输出使用 insert 方法后 bf 里的内容
    bf.delete(5,12);                                     //使用 delete 方法
    System.out.println("使用 delete 方法后 bf 里的内容是:" + bf.toString());
                    //输出使用 delete 方法后 bf 里的内容
  }
}
```

4. String. trim()方法使用

str. trim()：返回字符串中的副本，忽略前导空格和尾部空格。其中，str 为任意的字符串对象。

5. String 判断字符串是否相等方法

字符串作为对象如对其进行比较不能简单地使用比较运算符"= ="，因为比较运算符比较的是两个字符串的地址是否相同。即使两个字符串的内容相同，但两个对象的内存地址是不同的，使用比较运算符仍然会返回 false。因此要比较两个字符串是否相等，应使用 equals()方法和 equalsIgnoreCase()方法。

(1) equals()方法：如果两个字符串具有相同的字符和长度，则使用 equals()方法进行比较时，返回 true。语法如下：

str.equals(String otherstr);　// str、otherstr 是参加比较的两个字符串对象

(2) equalsIgnoreCase()方法：使用 equals()方法对字符串进行比较时是区分大小写的，而使用 equalsIgnoreCase()方法是忽略了大小写的情况下比较两个字符串是否相等，返回结果仍为 bloolean 类型。语法如下：

str.equalsIgnoreCase(String otherstr);　// str、otherstr 是参加比较的两个字符串对象

实例 1-5　通过下面的例子来加深对 trim()、equals()、equalsIgnoreCase()方法的认识。

```
public class StringMethods                              //创建类
{
  public static void main(String args[])                //主方法
  {
    String str1 = "   java class";                      //定义字符串 str1
    String str2 = "java class";                         //定义字符串 str2
    String str3 = "Java class";                         //定义字符串 str3

    System.out.println("字符串 str1 原来的长度:" + str1.length());
                                                        //将 str1 原来的长度输出
    System.out.println("字符串 str1 去掉空格后的长度:" + str1.trim().length());
                                                        //将 str1 去掉前导和尾部的空
                                                          格后的结果输出

    boolean b1 = str2.equals(str3);
                    //使用 equals()方法比较 str2 与 str3
    boolean b2 = str2.equalsIgnoreCase(str3);
               //使用 equalsIgnoreClass()方法比较 str2 与 str3
    System.out.println(str2 + " equals " + str3 + ":" + b1);   //输出信息
    System.out.println(str2 + " equalsIgnoreClass " + str3 + ":" + b2);


  }
}
```

运行结果如图 1-10 所示。

```
D:\Java Codes>java StringMethods
字符串str1原来的长度: 12
字符串str1去掉空格后的长度: 10
java class equals Java class:false
java class equalsIgnoreClass Java class:true
```

图 1-10　实例 1-5 运行结果

1.3 变量和运算符

在程序执行过程中，其值能改变的量称为变量，其值不能改变的量称为常量，而常量是变量的一个特例。变量与常量的命名都必须使用合法的标识符。本节将向读者介绍标识符与关键字以及变量与常量的命名。

1.3.1 标识符和关键字

1. 标识符

在 Java 编程语言中，标识符可以简单地理解为一个名字，用来标识类名、变量名、方法名、数组名、文件名的有效字符数列。简单地说标识符就是一个名字。

Java 语言规定标识符由任意顺序的字母、下划线(_)、美元符号($)和数字组成，并且第一个字符不能是数字，标识符不能使用 Java 中的保留关键字。在 Java 语言标识符中的字母是严格区分大小写的，如 good 和 Good 是不同的两个标识符。

Java 标识符的命名规则如下。

(1) 首字母只能以字母、下划线、$ 开头，其后可以跟字母、下划线、$ 和数字。

示例：$ abc 、_ab、ab123 等都是有效的。

(2) 标识符不能是关键字。

(3) 标识符区分大小写 (事实上整个 Java 编程里面都是区分大小写的)。Girl 和 girl 是两个不同的标识符。

(4) 标识符长度没有限制，但不宜过长。

(5) 如果标识符由多个单词构成，那么从第二个单词开始，首字母大写。

示例：getUser、setModel、EmployeeModel 等。

(6) 标识符尽量命名得有意义，让人能够望文知意。

(7) 尽量少用带 $ 符号的标识符，主要是习惯问题，大家都不是很习惯使用带 $ 符号的标识符；还因为在内部类中，$ 具有特殊的含义。

(8) Java 语言使用 16 bit 双字节字符编码标准(Unicode 字符集)，最多可以识别 65 535 个字符。建议标识符中最好使用 ASCII 字母。虽然中文标识符也能够正常编译和运行，却不建议使用。

2. 关键字

关键字对 Java 编译器有特殊的含义，它们可标识数据类型名或程序构造(construct)名。关键字是 Java 语言和 Java 的开发和运行平台之间的约定，程序员只要按照这个约定使用了某个关键字，Java 的开发和运行平台就能够认识它，并正确地处理，展示出程序员想要的效果。

简言之，关键字是 Java 语言中已经被赋予特定意义的一些单词，不可以把这些字作为标识符来使用。之前数据类型中提到的 int、boolean 等都是关键字。Java 中的关键字如表 1-4 所示。

表 1-4　Java 关键字

int	public	this	finally	boolean	abstract
continue	float	long	short	throw	throws
return	break	for	static	new	interface
if	goto	default	byte	do	case
strictfp	package	super	void	try	switch
else	catch	implements	private	final	class
extends	volatile	while	synchronized	instanceof	char
protecte	importd	transient	implements	defaule	double

1.3.2　变量的有效范围

由于变量定义出来后，只是暂存在内存中，等到程序执行到某一个点后，该变量会被释放掉，也就是说变量有它的生命周期。因此变量的有效范围是指程序代码能够访问该变量的区域，若超出该区域访问变量则编译时会出现错误。在程序中，一般会根据变量的“有效范围”将变量分为“成员变量”和“局部变量”。

1. 成员变量

在类体中方法外所定义的变量被称为成员变量。成员变量在整个类体中都有效。它们是在使用 new Xxxx ()创建一个对象时被分配内存空间的。每当创建一个对象时，系统就为该类的所有成员变量分配存储空间；创建多个对象就有多份成员变量。通过对象的引用就可以访问成员变量。

2. 局部变量

在方法内定义的变量或方法的参数被称为局部(local) 变量 ，有时也被用为自动(automatic)、临时(temporary)或栈(stack)变量。

方法参数变量定义在一个方法调用中传送的自变量，每次当方法被调用时，一个新的变量就被创建并且一直存在直到程序的运行跳离了该方法。当执行进入一个方法遇到局部变量的声明语句时，局部变量被创建，当执行离开该方法时，局部变量被取消，也就是该方法结束时局部变量的生命周期也就结束了。因而局部变量有时也被引用为“临时或自动”变量。在成员方法内定义的变量对该成员变量是“局部的”，因而，可以在几个成员方法中使用相同的变量名而代表不同的变量。

实例 1-6　在项目中创建类 Test，分别定义名称相同的局部变量与成员变量，当名称相同时成员变量将被隐藏。

```
public class Test{
    private int i;                              //Test 类的实例变量
    public int firstMethod(){
        int j = 1;                              // 局部变量
        System.out.println("firstMethod 中 i =" + i + ",j =" + j);
                                                //这里能够访问 i 和 j
        return 1;
```

```
    }//firstMethod()方法结束
public int secondMethod(float f)                    //方法参数{
        int j = 2;                      //局部变量,跟 firstMethod()方法中的 j 是不同的
                                        //这个 j 的范围是限制在 secondMethod()中的
                                        //在这个地方,可以同时访问 i,j,f
        System.out.println("secondMethod 中 i = " + i + ",j = " + j + ",f = " + f);
        return 2;
    }
public static void main(String[] args)
    {
        Test t = new Test();
        t.firstMethod();
        t.secondMethod(3);
    }
}
```

运行结果如图 1-11 所示。

```
D:\Java Codes>java Test
firstMethod中i=0,j=1
secondMethod中i=0,j=2,f=3.0
```

图 1-11　实例 1-6 运行结果

1.3.3　运算符

程序的基本功能是处理数据,任何编程语言都有自己的运算符。为实现逻辑和运算要求,编程语言设置了各种不同的运算符。运算符是一些特殊的符号,主要用于数字函数,以及一些类型的赋值语句和逻辑比较方面。本文在这里按照优先级从低到高的顺序介绍以下运算符。

1. 自增和自减运算符

自增、自减运算符是单目运算符,可以放在操作元之前,也可以放在操作元之后。操作元必须是一个整型或浮点型变量。自增、自减运算符的作用是使变量的值增一或减一,放在操作元前面的自增、自减运算符,会先将变量的值加 1(减 1),然后再使该变量参与表达式的运算。放在操作元后面的自增、自减运算符,会先使变量参与表达式的运算,然后再将该变量加 1(减 1)。例如:

```
++a(-a);                    //表示在使用变量 a 之前,先使 a 的值加(减)1
a++(a-);                    //表示在使用变量 a 之后,使 a 的值加(减)1
```

粗略地分析,++a 与 a++的作用都相当于 a=a+1,假设 a=4,则

```
b= ++a;       //先将 a 的值增加 1,然后赋给 b,此时 a 值为 5,b 值为 5
b=a++;        //先将 a 的值赋给 b,再将 a 的值变为 5,此时 a 值为 5,b 值为 4
```

2. 算术运算符

Java 中的算术运算符主要有+(加号)、-(减号)、*(乘号)、/(除号)、%(求余),它们都

是二元运算符。Java 中算术运算符的功能及使用方式如表 1-5 所示。

表 1-5　Java 算术运算符

类别	运算符	说明	表达式
算术运算符	+	执行加法运算(如果两个操作数是字符串,则该运算符用作字符串连接运算符,将一个字符串添加到另一个字符串的末尾)	操作数 1+操作数 2
	−	执行减法运算	操作数 1−操作数 2
	*	执行乘法运算	操作数 1 * 操作数 2
	/	执行除法运算	操作数 1/操作数 2
	%	获得进行除法运算后的余数	操作数 1%操作数 2
	++	将操作数加 1	操作数++或++操作数
	−−	将操作数减 1	操作数−−或−−操作数
	~	将一个数按位取反	~操作数

下面通过一个小程序来介绍算术运算符的使用方法。

实例 1-7　在项目中创建类 Arith,在主方法中定义变量,使用算术运算符将变量的计算结果输出。

```
public class Arith {                                         //创建类
    public static void main(String[] args) {                 //主方法
    float number1 = 45.56f;                                  //声明 float 型变量并赋值
    int number2 = 152;                                       //声明 int 型变量并赋值
  System.out .println("和为:" + number1 + number2);          //将变量相加之和输出
  System.out .println("差为:" + (number2 - number1));        //将变量相减之差输出
  System.out .println("积为:" + number1 * number2);          //将变量相乘的积输出
  System.out .println(" 商为:" + number1/number2);           //将变量相除的商输出
  }
}
```

运行结果如图 1-12 所示。

```
D:\Java Codes>java Arith
和为: 45.56152
差为: 106.44
积为: 6925.12
商为: 0.29973686
```

图 1-12　实例 1-7 运行结果

3. 比较运算符

比较运算符属于二元运算符,用于程序中的变量之间、变量和自变量之间以及其他类型的信息之间的比较。比较运算符的运算结果是 boolean 型。当运算符对应的结果成立时,运算结果是 true,否则是 false,所以比较运算符通常用在条件语句中来作为判断依据。比较运算符共有 6 个,如表 1-6 所示。

表 1-6 比较运算符

运算符	运算	范例	结果
==	相等于	4==3	false
! =	不等于	4! =3	true
<	小于	4<3	false
>	大于	4>3	true
<=	小于等于	4<=3	false
>=	大于等于	4>=3	false

实例 1-8 在项目中创建类 Compare，在主方法中创建整型变量，使用比较运算符对变量进行比较运算，将运算后的结果输出。

```
public class Compare{                                    //创建类
   public static void main(String[] args){
      int number1 = 4;                                   //声明 int 变量型 number1
      int number2 = 5;                                   //声明 int 变量型 number2
      System.out.println("number1>number2 的返回值为:" + (number1>number2));
            //依次将变量 number1 与变量 number2 的比较结果输出
      System.out.println("number1<number2 的返回值为;" + (number1<number2));
      System.out.println("number1 == number2 的返回值为;" + (number1 == number2);
       System. out. println (" number1 1 = number2 的返回值为;" + (number1 1 =
number2));
       System. out. println (" number1 > = number2 的返回值为;" + (number1 > =
number2));
       System. out. println (" number1 < = number2 的返回值为;" + (number1 < =
number2));
   }
}
```

运行结果如图 1-13 所示。

```
D:\Java Codes>java Compare
number1>number2的返回值为: false
number1<number2的返回值为: true
number1==number2的返回值为: false
number1!=number2的返回值为: true
number1>=number2的返回值为: false
number1<=number2的返回值为: true
```

图 1-13 实例 1-8 运行结果

5. 逻辑运算符

返回类型为布尔值的表达式，比如比较运算符，可以被组合在一起构成一个更复杂的表达式，这是通过逻辑运算符来实现的，逻辑运算符包括 &(&&)（逻辑与）、||（逻辑或）、!（逻辑非）。逻辑运算符的操作元必须是 boolean 型数据，在逻辑运算符中，除“!”是一元运算符之外

其他都是二元运算符。表 1-7 给出了逻辑运算符的用法和含义。

表 1-7　逻辑运算符

运算符	含义	用法	结合方向
&&、&	逻辑与	op1&&op2	左到右
||	逻辑或	op1||op2	左到右
!	逻辑非	! op	右到左

结果为 boolean 型的变量或表达式可以通过逻辑运算组合为逻辑表达式。用逻辑运算符进行逻辑运算时,结果如表 1-8 所示。

表 1-8　使用逻辑运算符进行逻辑运算

表达式 1	表达式 2	表达式 1&& 表达式 2	表达式 1||表达式 2	! 表达式 1
true	true	true	true	false
true	false	false	true	false
false	false	false	false	true
false	true	false	true	true

逻辑运算符"&&"与"&"都是表示"逻辑与",那么它们之间的区别在哪里呢?从表 1-8 可以看出,当两个表达式都为 true 时,逻辑与的结果才会是 true,使用逻辑运算符"&"会判断两个表达式;而逻辑运算符"&&"则是针对 boolean 类型进行判断,当第一个表达式为 false 时则不去判断第二个表达式,直接输出结果,使用"&&"可节省计算机判断的次数,通常将这种在逻辑表达式中从左端的表达式可推断出整个表达式的值称为"短路",而那些始终执行逻辑运算符两边的表达式称为"非短路","&&"属于"短路"运算符,而"&"则属于"非短路"运算符。

实例 1-9　在项目中创建类 Calculation,在主方法中创建类整型变量,使用逻辑运算符对变量进行运算,将运算结果输出。

```
public class  Calculation{                              //创建类
public static void  main(String  args[]) {
     int a = 2;                                         //声明 int 型变量 a
     int b = 5;                                         //声明 int 型变量 b
     boolean result = ((a>b)&&(a!  = b));
      //声明布尔型变量,用于保存应用逻辑运算符"&&"后的返回值
     boolean result2 = ((a>b)||(a!  = b));
        //声明布尔型变量,用于保存应用逻辑运算符"||"后的返回值
System.out .println(result);                            //将变量 result 输出
System.out .println(result2);                           //将变量 result2 输出
}
}
```

运行结果如图 1-14 所示。

```
D:\Java Codes>java Calculation
false
true
```

图 1-14　实例 1-9 运行结果

6. 赋值运算符

赋值运算符是以符号“=”表示，它是一个二元运算符(对两个操作数作处理)，其功能是将右方操作数所含的值赋值给左方的操作数，例如：

int a = 100;

该表达式是将 100 赋值给变量 a，左方的操作数必须是一个变量，而右边的操作数则可以是任何表达式，包括变量(如 a，number)、常量(如 123，‘book’)，有效的表达式(如 45 * 12)。例如：

```
int a = 10;                //声明 int 型变量 a
int b = 5;                 //声明 int 型变量 b
int c = a + b;             //将变量 a 与 b 进行运算后的结果赋值给 c
```

遵循赋值运算符的运算规则，可知系统将先计算 a+b 的值，结果为 15，然后将 15 赋值给变量 c，因此“c=15”。

由于赋值运算符“=”处理时会先取得右方表达式处理后的结果，因此一个表达式中若含有两个以上的“=”运算符，会从最右方“=”开始处理。

实例 1-10　在项目中创建类 Eval，在主方法中定义变量，使用赋值运算符为变量赋值。

```
public class Eval {                                    //创建类
    public static void main(String  args[]){           //主方法
        int a, b, c;                                   //声明 int 行变量 a,b,c
        a = 15;                                        //将 15 赋值给变量 a
        c = b = a + 4;                                 //将 a 与 4 的和赋值给变量 b,然后再赋
                                                       //值给变量 c
        System.out .println("c 值为:" + c);             // 将变量 c 的值输出
        System.out.println ("b 值为:" + b);             //将变量 b 的值输出
    }
}
```

运行结果如图 1-15 所示。

```
D:\Java Codes>java Eval
c值为: 25
b值为: 25
```

图 1-15　实例 1-10 运行结果

1.4 流程控制

编程语言使用控制语句来产生执行流，从而完成程序状态的改变，如程序顺序执行和分支执行。Java的程序控制语句分为以下几类：条件(选择)、重复和跳转。根据表达式结果或变量状态条件(选择)语句来使你的程序选择不同的执行路径。重复语句使程序能够重复执行一个或一个以上语句(也就是说，重复语句形成循环)。跳转语句允许程序以非线性的方式执行。下面将分析Java的所有控制语句。

1.4.1 条件语句

条件语句可根据不同的条件执行不同的语句。条件语句包括if条件语句与switch多分支语句，本节将向大家介绍条件语句的用法。

1. if条件语句

if条件语句是一个重要的编程语句，它用于告诉程序在某个条件成立的情况下执行某种程序，而在另一种情况下执行另外的语句。

使用if条件语句，可选择是否要执行紧跟在条件之后的那个语句。关键字if之后是作为条件的“布尔表达式”，如果该表达式返回的结果为true，则执行其后的语句；若为false，则不执行if条件之后的语句。if条件语句可分为简单的if条件语句，if…else语句和if…else if多分支语句。

(1) 简单的if条件语句。语法如下：

```
if(布尔表达式)
    {
    语句序列
    }
```

布尔表达式：必要参数，表示它最后返回的结果必须是一个布尔值。它可以是一个单纯的布尔变量或常量，或者使用关系或布尔运算符的表达式。

语句序列：可选参数。可以是一条或多条语句。当表达式的值为true时执行这些语句。如语句序列中仅有的一条语句。则可以省略条件语句中的大括号。

例如语句序列中只有一条语句，示例代码如下：

```
int a = 200;
   if(a == 200)
     System.out.print("a的值200");
```

说明：虽然if语句后面的复合语句块只有一条语句，省略“{}”并无语法错误，但为了增强程序的可读性最好不要省略。

条件语句后面的语句序列省略时，则可以保留外面的大括号。也可以省略大括号，然后在末尾添加分号“;”。如下所示的两种情况都是正确的。

例如省略了if条件表达式中的语句序列，实例代码如下：

```
boolean b = false;
if(b);
```

```
boolean b = false;
if(b){}
```

简单的 if 条件语句的执行过程如图 1-16 所示。

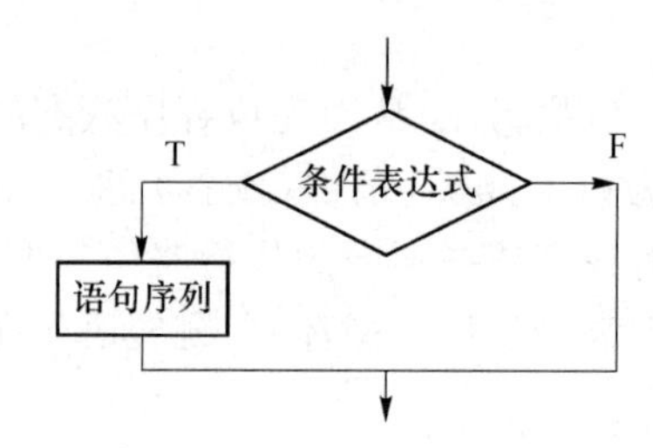

图 1-16　if 条件语句执行过程

实例 1-11　在项目中创建 SimpleIf,在主方法中定义整型变量。使用条件语句判断两个变量的大小来决定输出结果。

```
public class SimpleIf{                              //创建类
public static void main(String args[]){             //主方法
        int x = 38;                                 //声明 int 型变量 x,并赋给初值
        int y = 24;                                 //声明 int 型变量 y,并赋给初值
        if (x > y){                                 //判断 x 是否大于 y
            System.out.println("变量 x 大于变量 y");
                    //如果条件成立输出的信息
        }
        if(x<y){                                    //判断 x 是否小于 y
            System.out.println("变量 x 小于变量 y");
                                                    //如果条件成立,输出的信息
        }
    }}
```

运行结果如图 1-17 所示。

```
D:\Java Codes>javac SimpleIf.java

D:\Java Codes>java SimpleIf
变量x小于变量y
```

图 1-17　实例 1-11 运行结果

(2) if…else 语句。if…else 语句是条件语句中最常用的一种形式,它会针对某种条件有选择地做出处理,通常表现为“如果满足某种条件,就进行某种处理,否则就进行另一种处理”。语法如下:

```
if(表达式){
     若干语句
}
else{
     若干语句
```

```
}
```

if 后面()内的表达式的值必须是 boolean 型的。如果表达式的值为 true,则执行紧跟 if 语句的复合语句;如果表达式的值为 false,则执行 else 后面的复合语句。任何时候两条语句都不可能同时执行。if…else 语句的执行过程如图 1-18 所示。

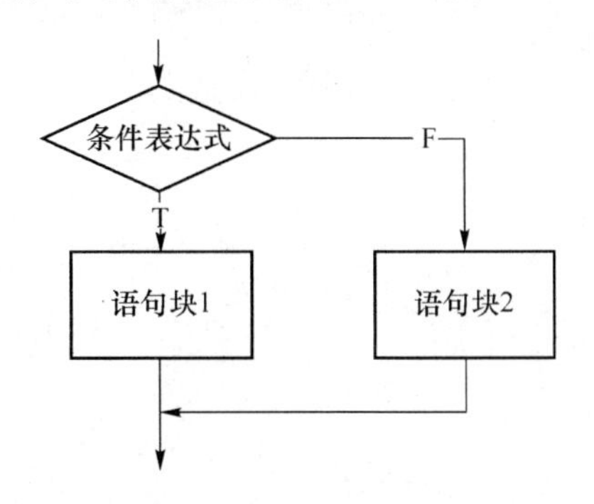

图 1-18　if…else 语句执行过程

同简单的 if 条件语句一样,如果 if…else 语句的语句序列中只有一条语句(不包括注释),则可以省略语句序列外面的大括号。有时为了编程的需要,else 或 if 后面的大括号里可以没有语句。

实例 1-12　在项目中创建类 Getifelse,在主方法中定义变量,并通过使用 if…else 语句判断变量的值来决定输出结果。

```
public class Getifelse (
    public static void main(String args[]) {            //主方法
        int math = 38;
                    //声明 int 型局部变量,并赋给初值 95
        int english = 64;
                    //声明 int 型局部变量,并赋给初值 56
        if(math >= 60){
                    //使用 if 语句判断 math 是否大于 60
            System.out.println("数学及格了");      //条件成立时输出信息
        }else{
            System.out.println("数学没有及格");    //条件不成立时输出信息
        }
        if(english >= 60){                      //判断英语成绩是否大于 60
            System.out.println("英语及格了");      //条件成立时输出信息
        }else{
            System.out.println("英语没有及格");    //条件不成立时输出信息
        }
    }
}
```

运行结果如图 1-19 所示。

(3) if…else if 多分支语句。if…else if 多分支语句用于针对某一事件的多种情况进行处理。通常表现为“如果满足某种条件,就运行某种处理,否则如果满足另一种则执行另一种处

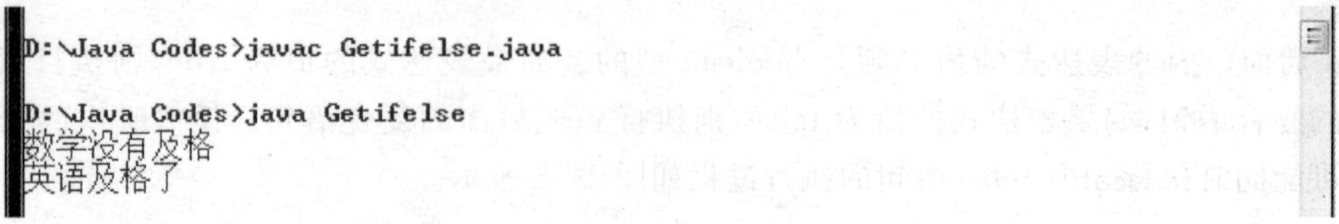

D:\Java Codes>javac Getifelse.java
D:\Java Codes>java Getifelse
数学没有及格
英语及格了

图 1-19　实例 1-12 运行结果

理”。语法如下：

```
if(条件表达式 1){
语句序列 1
}
else if (条件表达式 2){
        语句序列 2
}
…
else if(条件表达式 n){
        语句序列 n
}
else
        语句序列
```

其中，条件表达式 1～条件表达式 n 是必要参数，可以由多个表达式组成。但最后返回的结果一定要为 boolean 类型。

条件表达式从上到下被求值。一旦找到为真的条件，就执行与它关联的语句，其他部分就被忽略。如果所有的条件都不为真，则执行最后的 else 语句。最后的 else 语句经常被作为默认的条件，即如果所有其他条件都不满足时，就执行最后的 else 语句。如果没有最后的 else 语句，而且所有的其他条件都失败，那么程序就不做任何动作，执行过程如图 1-20 所示。

条件表达式1
F
T
条件表达式2
F
T
…
F
T
条件表达式n
T
语句序列
语句序列
语句序列
语句序列

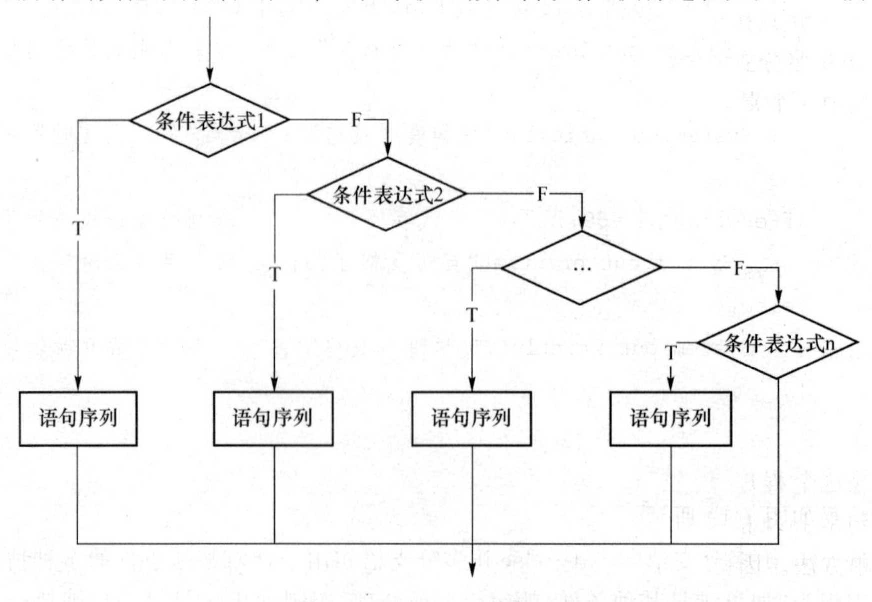

图 1-20　if…else if 执行过程

实例 1-13　在项目中创建类 IfElse，在主方法中定义变量 month，使用 if…else if…多分支语句通过 month 判断季节。

```
class IfElse {
    public static void main(String args[])
    {
        int month = 4; // April
        String season;
        if(month == 12 || month == 1 || month == 2)
            season = "Winter";
        else if(month == 3 || month == 4 || month == 5)
            season = "Spring";
        else if(month == 6 || month == 7 || month == 8)
            season = "Summer";
        else if(month == 9 || month == 10 || month == 11)
            season = "Autumn";
        else
            season = "Bogus Month";
            System.out.println("April is in the " + season + ".");
    }
}
```

运行结果如图 1-21 所示。

```
D:\Java Codes>java IfElse
April is in the Spring.
```

图 1-21　实例 1-13 运行结果

注意：if 语句只执行条件为真的命令语句，其他语句都不会执行。

2. switch 多分支语句

在编程中一个常见问题就是检测一个变量是否符合某个条件，如果不匹配，再用另一个值来检测它，依此类推。当然，这种问题使用 if 条件语句也可以完成。例如使用 if 语句检测变量是否符合某个条件，关键代码如下：

```
if(grade =="A"){
        System.out.println("真棒");
        }
if(grade =="b"){
        System.out.println("做得不错");
        }
```

很明显这个程序在这里显得很笨重，而使用 switch 语句就能很好地完成这一功能。switch 语句是 Java 的多路分支语句。它提供了一种基于一个表达式的值来使程序执行不同部分的简单方法。因此，它提供了一个比一系列 if-else 语句更好的选择。switch 语句语法如下：

```
switch(表达式)
{
case 常量值 1;
     语句块 1
     [break;]
…
case 常量值 n;
     语句块 n
[break;]
default;
   语句块 n+1
     [break;]
}
```

(1) switch 语句中表达式的值必须是整型或字符型，常量值 1～常量值 n 必须也是整型或字符型。

(2) switch 语句首先计算表达式的值，如果表达式的值和某个 case 后面的变量值相同，则执行该 case 语句后的若干个语句，直到遇到 break 语句为止。此时如果该 case 语句中没有 break 语句，将继续执行后面 case 里的若干个语句，直到遇到 break 语句为止。

(3) 若没有一个常量的值与表达式的值相同，则执行 default 后面的语句。default 语句为可选的，如果它不存在，而且 switch 语句中表达式的值不与任何 case 的常量值相同，switch 则不作任何处理。

(4) 同一个 switch 语句，case 的常量值必须互不相同。

switch 语句的执行过程如图 1-22 所示。

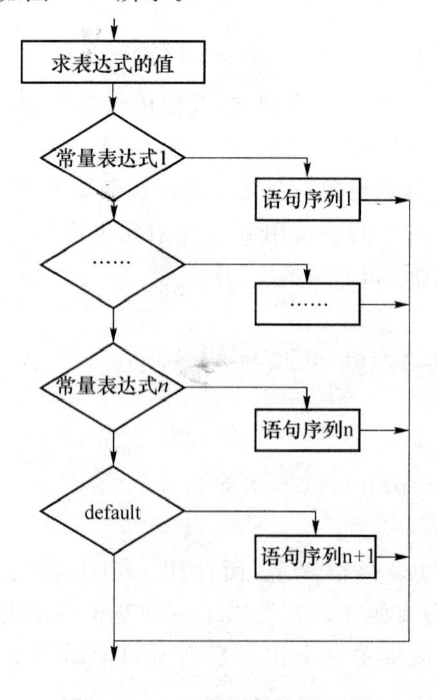

图 1-22　switch 语句执行过程

实例 1-14　在项目中创建类 SimpleSwitch，在主方法中应用 switch 语句将周一至周三的英文单词打印出来。

```
class SampleSwitch {
        public static void main(String args[]) {
        for(int i = 0; i<6; i ++ )
            switch(i) {
                case 0:
                    System.out.println("i is zero.");
                    break;
                case 1:
                    System.out.println("i is one.");
                    break;
                case 2:
                    System.out.println("i is two.");
                    break;
                case 3:
                    System.out.println("i is three.");
                    break;
                default:
                System.out.println("i is greater than 3.");
            }
        }
}
```

运行结果如图 1-23 所示。

```
D:\Java Codes>java SampleSwitch
i is zero.
i is one.
i is two.
i is three.
i is greater than 3.
i is greater than 3.
```

图 1-23　实例 1-14 运行结果

从中可以看出，每一次循环，与 i 值相配的 case 常量后的相关语句就被执行。其他语句则被忽略。当 i 大于 3 时，没有可以匹配的 case 语句，因此执行 default 语句。

break 语句是可选的。如果省略了 break 语句，程序将继续执行下一个 case 语句。有时需要在多个 case 语句之间没有 break 语句。如下面的例子：

```
class MissingBreak {
    public static void main(String args[]) {
      for(int i = 0; i<12; i ++ )
        switch(i) {
            case 0:
```

```
                    case 1:
                    case 2:
                    case 3:
                    case 4:
                    System.out.println("i is less than 5");
                    break;
                    case 5:
                    case 6:
                    case 7:
                    case 8:
                    case 9:
                    System.out.println("i is less than 10");
                    break;
                    default:
                    System.out.println("i is 10 or more");
            }
        }
}
```

正如该程序所演示的那样，如果没有 break 语句，程序将继续执行下面的每一个 case 语句，直到遇到 break 语句或 switch 语句的末尾。

注意：在 switch 语句中，case 语句后常量表达式的值可以为整数，但绝不可以是实数，例如下面的代码就是不合法的。

```
case1.1;
```

常量表达式的值可以是字符，但一定不可以是字符串。例如下面的代码也是非法的。

```
case "ok";
```

1.4.2 循环语句

循环语句就是在满足一定条件的情况下反复执行某一个操作直到一个结束条件出现。在 Java 中提供了三种常用的循环语句，分别是 while 循环语句、do …while 循环语句和 for 循环语句。下面分别对这三种循环语句进行介绍。

1. while 循环语句

while 语句也称条件判断语句，是 Java 最基本的循环语句。它的循环方式为利用一个条件来控制是否要继续反复执行这个语句(或语块)。

语法如下：

```
while(条件表达式)
{
  执行语句(或语块)
}
```

当表达式的返回值为真时，则执行{}中的语句，当执行完{}中的语句后，重新判断条件表达式的返回值，直到表达式返回的结果为假时，退出循环。while 循环语句的执行过程如

图 1-24 所示。

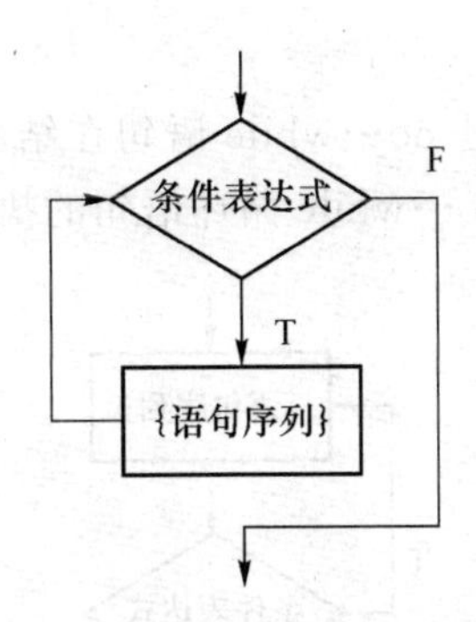

图 1-24　while 循环语句的执行过程

实例 1-15　在项目中创建类 While,在主方法中通过 while 循环将整数 10～1 递减输出。

```
class While {
    public static void main(String args[]) {
        int n = 10;
        while(n > 0)
        {
            System.out.println("tick " + n);
            n--;
            }
        }
}
```

运行结果如图 1-25 所示。

```
D:\Java Codes>java While
tick 10
tick 9
tick 8
tick 7
tick 6
tick 5
tick 4
tick 3
tick 2
tick 1
```

图 1-25　实例 1-15 运行结果

2. do…while 循环语句

do…while 循环语句与 while 循环语句类似,它们之间的区别是 while 语句为先判断条件是否成立再执行循环体,而 do…while 循环语句则先执行一次循环后,再判断条件是否成立。也就是说 do…while 循环语句中大括号中的程序段至少要被执行一次。

语法如下:

```
do
{
    执行语句(或语块)
```

```
}
while(条件表达式);
```

与 while 语句的一个明显区别是 do…while 语句在结尾处多了一个分号“;”。根据 do…while 循环语句的语法特点总结出 do…while 循环语句的执行过程，如图 1-26 所示。

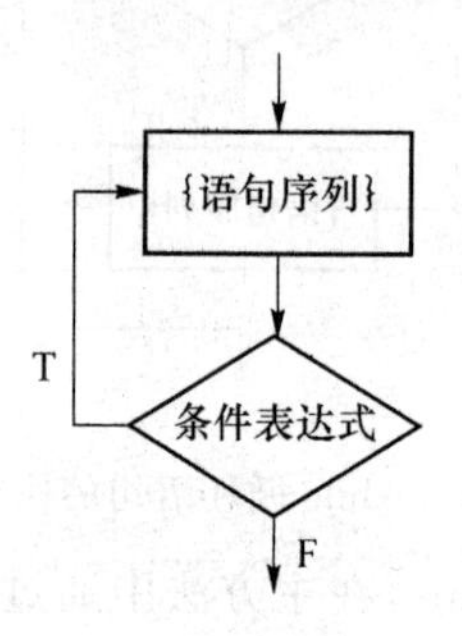

图 1-26　do…while 循环语句执行过程

实例 1-16　在项目中改写实例 1-15，创建类 DoWhile。

```
class DoWhile {
    public static void main(String args[])
    {
        int n = 10;
        do {
        System.out.println("tick " + n);
        n--;
        } while(n > 0);
    }
}
```

运行结果如图 1-27 所示。

```
D:\Java Codes>java DoWhile
tick 10
tick 9
tick 8
tick 7
tick 6
tick 5
tick 4
tick 3
tick 2
tick 1
```

图 1-27　实例 1-16 运行结果

3. for 循环语句

for 循环是 Java 程序设计中最有用的循环语句之一。一个 for 循环可以用来重复执行某条语句，直到某个条件得到满足。

语法如下：

```
for(表达式 1;表达式 2;表达式 3)
{
```

```
    语句序列
}
```

for循环的执行过程如下。

第一步，当循环启动时，先执行表达式1，负责完成循环变量的初始化(该过程仅被执行一次)，此变量作为循环控制的计数器。

第二步，计算表达式2的值，该表达式的值必须是boolean类型的。该表达式通常将循环控制变量与目标值做比较。如果这个表达式为真，则执行循环体；否则，循环终止。

第三步，执行表达式3，该表达式是执行完循环体后进行增加或减少循环控制变量值的一个表达式。

第四步，接下来就是重复循环，首先计算表达式2的值，如果满足条件则执行循环体，再执行表达式3。这个过程不断重复，直到表达式2的值为假，退出循环。

for循环语句的执行过程如图1-28所示。

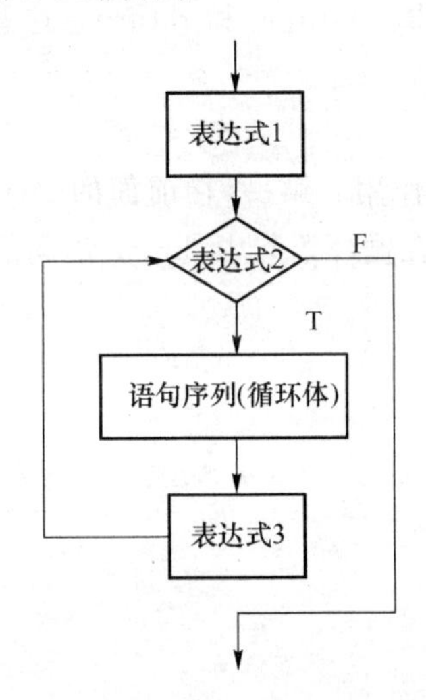

图1-28　for循环语句执行过程

实例1-17　继续改写实例1-16，使用for循环编写类ForTick。

```
class ForTick
{
    public static void main(String args[])
    {
        int n;
        for(n = 10; n>0; n--)
        System.out.println("tick " + n);
    }
}
```

运行结果如图1-29所示。

```
D:\Java Codes>java ForTick
tick 10
tick 9
tick 8
tick 7
tick 6
tick 5
tick 4
tick 3
tick 2
tick 1
```

图 1-29　实例 1-17 运行结果

1.4.3　跳转语句

Java 支持 3 种跳转语句 break、continue 和 return。这些语句把控制转移到程序的其他部分。

1. break 语句

在 Java 中，break 语句有 2 种作用。第一，在前面的 switch 语句中已经介绍过，break 用来中断 switch 语句的执行；第二，在循环语句中，break 语句的作用也是中断循环语句，也就是结束循环语句的执行。示例代码：

```
int i = 0;
while(i < 10){
  i++;
  if(i == 5){
    break;
  }
}
```

该循环在变量 i 的值等于 5 时，满足条件，然后执行 break 语句，结束整个循环，接着执行循环后续的代码。

在循环语句中，可以使用 break 语句中断正在执行的循环。在实际的代码中，结构往往会因为逻辑比较复杂，而存在循环语句的嵌套，如果 break 语句出现在循环嵌套的内部时，则只结束 break 语句所在的循环，对于其他的循环没有影响，示例代码如下：

```
for(int i = 0; i < 10; i++){
  for(int j = 0; j < 5; j++){
    System.out.println(j);
      if(j == 3){
      break;
    }
  }
}
```

该 break 语句因为出现在循环变量为 j 的循环内部，因此执行到 break 语句时，只中断循环变量为 j 的循环，而对循环变量为 i 的循环没有影响。

2. continue 语句

有时候强迫一个循环提早反复是有用的。也就是说，你可能想要继续运行循环，但是要忽略这次重复循环体的语句。continue 语句是 break 语句的补充，continue 语句只能在循环语句内部使用，功能是跳过该次循环，继续执行下一次循环结构。在 while 和 do while 循环语句中，continue 语句使控制直接转移给控制循环的条件表达式，然后继续循环过程。在 for 循环中，循环的反复表达式被求值，然后执行条件表达式，循环继续执行。

实例 1-18 以 for 语句为例，来说明 continue 语句的功能，示例代码如下：

```
class Continue {
  public static void main(String args[]) {
      for(int i = 0; i<10; i ++ ) {
          System.out.print(i + " ");
          if (i % 2 == 0) continue;
          System.out.println("");
      }
  }
}
```

该代码的运行结果如图 1-30 所示。

```
D:\Java Codes>java Continue
0 1
2 3
4 5
6 7
8 9
```

图 1-30 实例 1-18 运行结果

在变量 i 的值等于 2 时，执行 continue 语句，则后续未执行完成的循环体将被跳过，而直接进入下一次循环。

在实际的代码中，可以使用 continue 语句跳过循环中的某些内容。

1.5 类与对象

本章主要简单介绍了面向对象思想，类与对象的概念及区别。在了解完类和对象的关系后，本文后续介绍了 Java 类的组成及使用方法。在本章最后则简单介绍了 Java 类的高级属性。

1.5.1 面向对象概述

在程序开发初期人们使用结构化开发语言，但是随着时间的流逝，软件的规模来越庞大，结构化语言的弊端也逐渐暴露出来，开发周期被无休止地拖延，产品的质量也不尽如人意，人们终于发现结构化语言已经不再适合当前的软件开发。这时人们开始将另一种开发思想引进程序中，即面向对象的开发思想。面向对象思想是人类最自然的一种思考方式，它将所有预处理的问题抽象为对象，同时了解这些对象具有哪些相应的属性及展示这些对象的行为，以解决这些对象面临的一些实际问题，这样就在程序开发中引入了面向对象设计的概念，面向对象设计实质上就是对现实世界的对象进行建模操作。

面向对象程序设计（简称 OOP）是当今主流的程序设计范型，它已经取代了 20 世纪 70 年代的“结构化”过程化程序设计开发技术。Java 是完全面向对象的，必须熟悉 OOP 才能够编写 Java 语言。

1. 对象

现实世界中，随处可见的一种事物就是对象，对象是事物存在的实体。实际生活中，我们每时每刻都与“对象”在打交道，我们用的钢笔、骑的自行车、乘坐的公共汽车等都是对象。这些对象都是能看得见、摸得着的、实际存在的东西，称之为实体对象；有的对象是针对非具体物体的，是在逻辑关系上的反映，比如钢笔与墨水的关系，人与自行车的关系，称之为逻辑对象。

现实中的人是一个实体对象，分析实体对象的构成，发现有这样一些共同点。这些实体对象都有自己的状态描述，比如人有姓名、身高、体重、发型、着装等，有了这些描述，我们可以想象出一个人的样子。我们把这些描述称为属性。属性是静态的，这些属性决定了对象的具体表现形式。

除了这些静态的属性，实体对象还有自己的动作。通过这些动作能够完成一定的功能，我们称之为方法，方法是动态的。比如人能写字，能刷牙，能跑步，打篮球，踢足球等。知道了对象的方法，也就知道了这个对象可以做什么，有什么用。

依照这些理论，再来分析一下汽车。首先想到是静态的属性，有颜色、车牌号、标志、发动机的功率、车载人数、自重、轮子数目等。然后是动态的功能：加速、减速、刹车、转弯等。

总之一句话，对象同时具备静态属性和动态方法。

2. 如何进行对象抽象

抽象是在思想上把各种对象或现象之间的共同的本质属性抽取出来而舍去个别的非本质的属性的思维方法。也就是说把一系列相同或类似的实体对象的特点抽取出来，采用一个统一的表达方式，这就是抽象。

比如：张三这个人身高 180 cm，体重 75 kg，会打篮球，会跑步。李四这个人身高 170 cm，体重 70 kg，会踢足球。

现在想要采用一个统一的对象来描述张三和李四，那么就可以采用如下的表述方法来表述：

<table>
<tr>
<td>

```
人{
    静态属性：
        姓名 = 张三；
        身高 = 180 cm；
        体重 = 75 kg；
    动态动作：
        打篮球()；//打篮球的功能实现
        跑步()；//跑步的功能实现
}
```

</td>
<td>

```
人{
    静态属性：
        姓名 = 李四；
        身高 = 170 cm；
        体重 = 70 kg；
    动态动作：
        踢足球()；//踢足球的功能实现
}
```

</td>
</tr>
</table>

对实体对象的抽象一定要很好地练习，可以把你所看到的任何物体都拿来抽象，“一切都是对象”。要练习到你看到的没有物体，全是对象。

3. 抽象对象和实体对象的关系

仔细观察上面的抽象对象——"人",和具体的实体对象:"张三"、"李四"。你会发现,抽象对象只有一个,实体对象却是无数个,通过对抽象对象设置不同的属性,赋予不同的功能,就能够表示不同的实体对象。

这样就大大简化了对象的描述工作,使用一个对象就可以统一地描述某一类实体了,在需要具体的实体的时候,分别设置不同的值就可以表示具体对象了。

4. Java中的类和对象

(1) Java中的类。把抽象出来的对象使用Java表达出来,那就是类class。类是对具有相似性质的一类事物的抽象,类封装了一类对象的属性和方法。实例化一个类,可以获得属于该类的一个实例(即对象)。类在Java编程语言中作为定义新类型的一种途径,是组成Java程序的基本要素。类声明可定义新类型并描述这些类型是如何实现的。比如前面讨论过的"人"、"汽车"使用Java表达出来就是一个类。

(2) Java中的对象。Java中的对象是在Java中一个类的实例,也称实例对象。实例就是实际例子。类可被认为是一个模板——你正在描述的一个对象模型。一个对象就是你每次使用的时候创建的一个类的实例的结果。比如前面讨论的张三和李四,他们就是通过"人"这个类创建出来的实例。

1.5.2 Java类的基本构成

一个完整的Java类通常由下面6个部分组成:

```
包定义语句
import 语句
类定义{
    成员变量
    构造方法
    成员方法
}
```

其中:只有类定义和"{}"是不可或缺的,其余部分都可以根据需要来定义。下面分别来学习各个部分的基本规则,看看如何写Java的类,建议初学者先看类、成员变量、方法部分,再看包、import部分。

1. 包

为便于管理数目众多的类,Java语言中引入了"包"的概念,可以说是对定义的Java类进行"分组",将多个功能相关的类定义到一个"包"中,以解决命名冲突、引用不方便、安全性等问题。

比如户籍制度,每个公民除有自己的名字"张三"、"李四"外还被规定了他的户籍地。假定有两个人都叫张三,只称呼名字就无法区分他们,但如果事先登记他们的户籍分别在北京和上海,就可以很容易地用"北京的张三"、"上海的张三"将他们区分开来。如果北京市仍有多个张三,还可以细分为"北京市.海淀区的张三"、"北京市.西城区.平安大街 的张三"等,直到能唯一标识每个"张三"为止。

(1) 什么是包

包在物理上就是一个文件夹,逻辑上代表一个分类概念。包是类、接口或其他包的集合,包是对类进行有效管理的机制。

① 包将包含类代码的文件组织起来，易于查找和使用适当的类。

② 包不只是包含类和接口，还能够包含其他包。形成层次的包空间。

③ 有助于避免命名冲突。当使用很多类时，确保类和方法名称的唯一性是非常困难的。包能够形成层次命名空间，缩小了名称冲突的范围，易于管理名称。

④ 控制代码访问权限。

(2) JDK 中常用的包

JDK 中定义的类就采用了“包”机制进行层次式管理，简而言之，从逻辑上讲，包是一组相关类的集合；从物理上讲，同包即同目录。

java. lang：包含一些 Java 语言的核心类，包含构成 Java 语言设计基础的类。在此包中定义的最重要的一个类是“Object”，代表类层次的根，Java 是一个单根系统，最终的根就是“Object”。

javax. swing：完全 Java 版的图形用户界面(GUI)解决方案，提供了很多完备的组件，可以应对复杂的桌面系统构建。

java. net：包含执行与网络相关的操作的类，如 URL、Socket、ServerSocket 等。

java. io：包含能提供多种输入/输出功能的类。

java. util：包含一些实用工具类，如定义系统特性、使用与日期日历相关的方法，还有重要的集合框架。

(3) 代码中如何表达包和使用包

package 语句：Java 语言使用 package 语句来实现包的定义。package 语句必须作为 Java 源文件非注释语句的第一条语句，指明该文件中定义的类所在的包。若缺省该语句，则指定为无名包，其语法格式为：

package pkg1 [. pkg2[. pkg3…]]； //“[]”表示可选

Java 编译器把包对应于文件系统的目录管理，因此包也可以嵌套使用，即一个包中可以含有类的定义也可以含有子包，其嵌套层数没有限制。

package 语句中，用“. ”来指明包的层次。程序 package 的使用：

```
package p1;
public class PackageTest {
    public void display(){
        System.out.println("in method display()");
    }
}
```

Java 语言要求包声明的层次和实际保存类的字节码文件的目录结构存在对应关系，以便将来使用该类时能通过包名(也就是目录名)查找到所需要的类文件。简单地说就是包的层次结构需要和文件夹的层次对应。

注意：每个源文件只有一个包的声明，而且包名应该全部小写。

2. import 语句

为了能够使用某一个包的成员，我们需要在 Java 程序中明确导入该包。使用“import”语句可完成此功能。在 Java 源文件中 import 语句应位于 package 语句之后，所有类的定义之前，可以没有，也可以有多条，其语法格式为：

```
import package1[.package2…].(classname| * );
```

Java 运行时环境将到 CLASSPATH＋package1.[package2…]路径下寻找并载入相应的字节码文件 classname. class。“ * ”号为通配符，代表所有的类。也就是说 import 语句为编译器指明了寻找类的途径。使用 import 语句引入类程序：

```
import p1.Test;//或者 import p1. * ;
public class TestImport{
        public static void main(String args[]){
Test t = new Test(); // Test 类在 p1 包中定义
                    t.display();
                }
}
```

Java 编译器默认为所有的 Java 程序引入了 JDK 的 java. lang 包中所有的类(import java. lang. * ;)，其中定义了一些常用类：System、String、Object、Math 等。因此我们可以直接使用这些类而不必显式引入。但使用其他非无名包中的类则必须先引入、后使用。

上述代码中“public”为访问修饰符。Java 语言允许对类中定义的各种属性和方法进行访问控制，即规定不同的保护等级来限制对它们的使用。为什么要这样做？Java 语言引入类似访问控制机制的目的在于实现信息的封装和隐藏。Java 语言为了对类中的属性和方法进行有效的访问控制，将它们分为四个等级：private、无修饰符、protected、public，具体规则如表 1-9 所示。

表 1-9　Java 类成员的访问控制

可控制直接访问 / 控制等级	同一个类	同一个包	不同包中的子类的对象	任何场合
private	Yes			
无修饰符	Yes	Yes		
protected	Yes	Yes	Yes	
public	Yes	Yes	Yes	Yes

变量和方法可以使用四个访问级别中的任意一个修饰，类可以使用公共或无修饰级别修饰。

变量、方法或类有缺省(无修饰符)访问性，如果它没有显式受保护修饰符作为它的声明的一部分的话。这种访问性意味着，访问可以来自任何方法，当然这些方法只能在作为对象的同一个包中的成员类当中。

以修饰符 protected 标记的变量或方法实际上比以缺省访问控制标记的更易访问。一个 protected 方法或变量可以从同一个包中的类当中的任何方法进行访问，也可以从任何子类中的任何方法进行访问。当它适合于一个类的子类但不是不相关的类时，就可以使用这种受保护访问来访问成员。

3. 类定义

Java 程序的基本单位是类，建立类之后，就可用它来建立许多需要的对象。Java 把每一个可执行的成分都变成类。

类的定义形式如下：

```
<权限修饰符>[一般修饰符] class <类名>[extends 父类][implements 接口]{
  [<属性定义>]
  [<构造方法定义>]
  [<方法定义>]
}
```

这里,类名要是合法的标识符。在类定义的开始与结束处必须使用花括号。你也许想建立一个矩形类,那么可以用如下代码:

```
public class Rectangle{
......//矩形具体的属性和方法
}
```

4. 构造方法

类有一个特殊的成员方法叫作构造方法,它的作用是创建对象并初始化成员变量。在创建对象时,会自动调用类的构造方法。

构造方法定义规则:Java 中的构造方法必须与该类具有相同的名字,并且没有方法的返回类型(包括没有 void)。另外,构造方法一般都应用 public 类型来说明,这样才能在程序的任意位置创建类的实例——对象。

示例:下面是一个 Rectangle 类的构造方法,它带有两个参数,分别表示矩形的长和宽。

```
public class Rectangle{
    public Rectangle(int w,int h){
            width = w;
            height = h;
    }
    public Rectangle(){
    }
}
```

每个类至少有一个构造方法。如果不写一个构造方法,Java 编程语言将提供一个默认的,该构造方法没有参数,而且方法体为空。

注意:如果一个类中已经定义了构造方法则系统不再提供默认的构造方法。

5. 成员变量

成员变量是指类的一些属性定义,标志类的静态特征,它的基本格式如下:

```
访问修饰符  修饰符  类型  属性名称 = 初始值;
```

访问修饰符:可以使用四种不同的访问修饰符中的一种,包括 public(公共的)、protected(受保护的),无修饰符和 private(私有的)。public 访问修饰符表示属性可以从任何其他代码调用。private 表示属性只可以由该类中的其他方法来调用。

修饰符:是对属性特性的描述,例如后面会学习到的 static、final 等。

类型:属性的数据类型,可以是任意的类型。

属性名称:任何合法标识符。

初始值:赋值给属性的初始值。如果不设置,那么会自动进行初始化,基本类型使用缺省值,对象类型自动初始化为 null。

成员变量有时候也被称为属性、实例变量、域,它们经常被互换使用。

6. 方法

方法就是对象所具有的动态功能。Java类中方法的声明采用以下格式：

访问修饰符　修饰符　返回值类型　方法名称　（参数列表）　throws　异常列表　{方法体}

访问修饰符：可以使用四种不同的访问修饰符中的一种，包括public、protected、无修饰符和private。public访问修饰符表示方法可以从任何其他代码调用。private表示方法只可以由该类中的其他方法来调用。protected将在以后的课程中讨论。

修饰符：是对方法特性的描述，例如后面会学习到的：static、final、abstract、synchronized等。

返回值类型：表示方法返回值的类型。如果方法不返回任何值，它必须声明为void(空)。Java技术对返回值是很严格的。例如，如果声明某方法返回一个int值，那么方法必须从所有可能的返回路径中返回一个int值(只能在等待返回该int值的上下文中被调用)。

方法名称：可以是任何合法标识符，并带有用已经使用的名称为基础的某些限制条件。

参数列表：允许将参数值传递到方法中。列举的元素由逗号分开，而每一个元素包含一个类型和一个标识符。在下面的方法中只有一个形式参数，用int类型和标识符days来声明：public void test(int days){}

throws异常列表：子句导致一个运行时错误(异常)被报告到调用的方法中，以便以合适的方式处理它。

花括号内是方法体，即方法的具体语句序列。

示例：比如现在有一个“车”的类——Car。“车”具有一些基本的属性，比如四个轮子，一个方向盘，车的品牌等。当然，车也具有自己的功能，也就是方法，比如车能够“开动”——run。要想车子能够开动，需要给车子添加汽油，也就是说，需要为run方法传递一个参数“油”进去。车子就可以跑起来，这些油可以供行驶多少公里？就需要run方法具有返回值“行驶里程数”。

```
package cn.Javadriver.javatest;
public class Car {                          //车这个类
    private String make;                    // 一个车的品牌
    private int tyre;                       //一个车具有轮胎的个数
    private int wheel;                      // 一个车具有方向盘的个数
    public Car() {                          //初始化属性
        make = "BMW";                       //车的品牌是宝马
        tyre = 4;                           //一个车具有4个轮胎
        wheel = 1;                          //一个车具有一个方向盘
    }
/ **
    * 车这个对象所具有的功能，能够开动
    * @param oil 为车辆加汽油的数量
    * @return 车辆行驶的公里数
    * /
public double run(int oil){                 //进行具体的功能处理
    return 100 * oil/8;
    }
```

```
    public static void main(String[]args){
        Car c = new Car();
        double mileage = c.run(100);
        System.out.println("行驶了" + mileage + "公里");
    }
}
```

main 方法是一个特殊的方法，如果按照 public static void main(String[] args)的格式写，它就是一个类的入口方法，也叫主函数。当这个类被 Java 指令执行的时候，首先执行的是 main 方法，如果一个类没有入口方法，就不能使用 Java 指令执行它，但可以通过其他的方法调用它。

1.5.3 如何使用一个 Java 类

前面学习了如何定义一个类，下面来学习如何使用一个类。

1. new 关键字

假如定义了一个表示日期的类，有 3 个整数变量，日、月和年的意义即由这些整数变量给出。代码如下所示：

```
class MyDate{
    int day;
    int month;
    int year;
    public String toString(){
        int num = 0;
        return day + "," + month + "," + year;
        }
}
```

名称 MyDate 按照类声明的大小写约定处理，而不是由语意要求来定。在可以使用变量之前，实际内存必须被分配。这个工作是通过使用关键字 new 来实现的。如下所示：

```
MyDate myBirth;
myBirth  =  new MyDate();
```

第一个语句(声明)仅为引用分配了足够的空间，而第二个语句则通过调用对象的构造方法为构成 MyDate 的 3 个整数分配了空间。对象的赋值使变量 myBirth 重新正确地引用新的对象。这两个操作被完成后，MyDate 对象的内容则可通过 myBirth 进行访问。

关键字 new 意味着内存的分配和初始化，new 调用的方法就是类的构造方法。

假使定义任意一个 class XXXX，可以调用 new XXXX()来创建任意多的对象，对象之间是分隔的。就像有一个汽车的类，可以使用 new 关键字创建多个具体的对象，比如有红旗的汽车、奇瑞的汽车、大众的汽车等，它们都是独立的单元，相互之间是隔离的。

一个对象的引用可被存储在一个变量里，因而一个变量.成员(如 myBirth.day)可用来访问每个对象的单个成员。请注意在没有对象引用的情况下，仍有可能使用对象，这样的对象称作"匿名"对象。

使用一个语句同时为引用 myBirth 和由引用 myBirth 所指的对象分配空间也是可能的。

例如：MyDate　myBirth　=　new　MyDate()；

2. 使用对象中的属性和方法

对象创建以后就有了自己的属性，通过使用“.”操作符实现对其属性的访问。例如：

```
myBirth.day   =   26;
myBirth.month   =   7;
myBirth.year   =   2000;
```

对象创建以后，通过使用“.”操作符实现对其方法的调用，方法中的局部变量被分配内存空间，方法执行完毕，局部变量即刻释放内存。例如：myBirth.toString()；

3. this 关键字

关键字 this 是用来指向当前对象或类实例的，功能说明如下。

(1) 点取成员。this.day 指的是调用当前对象的 day 字段，示例如下：

```
public class SimpleThis1{
    private int day, month, year;
    public void tomorrow(){
        this.day = this.day + 1;    //其他代码
    }
}
```

(2) 区分同名变量。在类属性上定义的变量和方法内部定义的变量相同的时候，到底是调用谁？例如：

```
public class SimpleThis2{
    int i = 2 ;
    public void t(){
        int i = 3;    //跟属性的变量名称是相同的
        System.out.println("实例变量 i =" + this.i);
        System.out.println("方法内部的变量 i =" + i);
    }
}
```

也就是说：“this.变量”调用的是当前属性的变量值，直接使用变量名称调用的是相对距离最近的变量的值。

(3) 作为方法名来初始化对象。也就是相当于调用本类的其他构造方法，它必须作为构造方法的第一句。示例如下：

```
public class SimpleThis3{
  public Test(){
    this(3);    //在这里调用本类的另外的构造方法
  }
  public Test(int a){}
  public? static? void? main(String[] args){
    Test t = new Test();
  }
}
```

(4) 作为参数传递。需要在某些完全分离的类中调用一个方法，并将当前对象的一个引用作为参数传递时。例如：Birthday bDay = new Birthday (this)；

1.5.4 Java 高级类特性简单介绍

面向对象有三大特征：封装性、继承性和多态性。

1. 封装

封装是面向对象编程的核心思想，将对象的属性和行为封装起来。而将对象的属性和行为封装起来的载体就是类，类通常对客户隐藏其实现细节，这就是封装思想。例如，用户使用电脑，只需要使用手指敲击键盘就可以实现一些功能，用户无须知道计算机内部是如何工作的，即使用户可能碰巧知道计算机的工作原理，但在使用电脑时并不完全依赖计算机的工作原理这些细节。

采用封装的思想保证了类内部数据结构的完整性，应用该类的用户不能轻易直接操纵此数据结构，而只能执行类允许公开的数据。这样避免了外部对内部数据的影响，提高了程序的可维护性。

2. 继承

类与类之间同样具有关系，类之间这种关系被称为关联。关联是描述两个类之间的一般二元关系，例如一个百货公司类与销售员类就是一个关联，再比如学生类以及教师类也是一个关联。两个类之间的关系有很多种，继承是关联中的一种。

当处理一个问题时，可以将一些有用的类保留下来，当遇到同样问题的时候拿来复用。假如需要解决信鸽送信的问题，我们很自然就会想到之前章节提到的鸟类。由于鸽子属于鸟类，鸽子具有鸟类相同的属性和行为，便可以在创建鸽类时将鸟类拿来复用，并且保留鸟类具有的属性和行为。不过，并不是所有的鸟都有送信的习惯，因此还需要再添加一些信鸽具有的独特属性以及行为。鸽子类保留了鸟类的属性和行为，这样就节省了定义鸟和鸽子共同具有的属性和行为的时间，这就是继承的基本思想。可见软件的代码使用继承思想可以缩短软件开发的时间，复用那些已经定义好的类可以提高系统性能，减少系统使用过程中出现错误的概率。

继承性主要利用特定对象之间的共有属性。例如，平行四边形是四边形(正方形、矩形也都是四边形)。平行四边形与四边形具有共同特性，就是拥有 4 个边。可以将平行四边形类看作四边形的延伸，平行四边形复用了四边形的属性和行为，同时添加了平行四边形独有的特性和行为，如平行四边形的对边平行且相等。这里可以将平行四边形类看作是从四边形类中继承的。在 Java 语言中将类似于平行四边形的类称为子类，将类似于四边形的类称为父类或超类。值得注意的是，可以说平行四边形是特殊的四边形，但不能说四边形是平行四边形，也就是说子类的实例都是父类的实例，但不能说父类的实例是子类的实例。

继承关系可以使用树形关系来表示，父类与子类存在一种层次关系。一个类处于继承体系中，它既可以是其他类的父类，为其他类提供属性和行为，也可以是其他类的子类，继承父类的属性和方法，如三角形既是图形类的子类同时也是等边三角形的父类。

3. 多态

上一节中介绍了继承，了解了父类和子类，其实将父类对象应用于子类的特征就是多态。依然以图形类来说明多态，每个图形都有绘制自己的能力，这个能力可以看作是该类具有的行为。如果将子类的对象统一看作是超类的实例对象，这样当绘制任何图形时，可以简单地调用父类，也就是图形类，用绘制图形的方法即可绘制任何图形，这就是多态最基本的思想。

多态性允许以统一的风格编写程序，以处理种类繁多的已存在的类及相关类。该统一风格可以由父类来实现，根据父类统一风格的处理，就可以实例化子类对象。由于整个事件的处理都只依赖于父类的方法，所以日后只要维护和调整父类的方法即可，这样降低了维护的难度，节省了时间。

在提到多态的同时，不得不提到抽象和接口，因为多态的实现并不依赖具体类，而是依赖于抽象类和接口。

再回到绘制图形的实例上来。作为所有图形的父类，图形类具有绘制图形的能力，这个方法可以称为“绘制图形”。如果要执行这个“绘制图形”的命令，没人知道应该画什么样的图形，所以使用“抽象”这个词汇来描述图形类比较恰当。在 Java 语言中称这样的类为抽象类，抽象类不能实例化对象。在多态的机制中，父类通常会被定义为抽象类，在抽象类中给出一个方法的标准，而不给出实现的具体流程。实质上这个方法也是抽象的，例如图形类中的“绘制图形”方法只提供一个可以绘制图形的标准，并没有提供具体绘制图形的流程，因为没人知道究竟需要绘制什么形状的图形。

在多态的机制中，比抽象类更为方便的方式是将抽象类定义为接口。由抽象方法组成的集合就是接口。接口的概念在现实中也极为常见。比如从不同的五金商店买来螺丝和螺丝钉，螺丝很轻松地就可以拧在螺丝钉上。可能螺丝和螺丝钉的厂家不同，但这两个物品可以很轻易地组合在一起。这是因为生产螺丝和螺丝钉的厂家都遵循着一个标准，这个标准在 Java 中就是接口。依然拿“绘制图形”来说明，可以将“绘制图形”作为一个接口的抽象方法，然后使图形类实现这个接口，同时实现“绘制图形”这个抽象方法，当三角形类需要绘制时，就可以继承图形类，重写其中的“绘制图形”方法，改写这个方法为“绘制三角形”，这样就可以通过这个标准绘制不同的图形。

本章小结

本章主要介绍了 Java 语言的基础知识，包括 Java 的起源和发展、Java 开发环境的搭建、Java 基本语法知识、面向对象的编程思想、Java 类的使用方法以及类与对象的区别和关系。

练习题

1-1　简述 Java 语言的特点。

1-2　简述 Java 变量的命名规则。

1-3　简述在 Java 中，数据类型变换的规则。

1-4　编写一个程序，在控制台输出“欢迎学习 Java 语言”。

1-5　编写程序，求两个数的和并输出。

1-6　使用 for 循环接收一名同学 5 门课程的学习成绩，计算其平均分，并在控制台输出。

1-7　输入 3 个整数 x，y，z，请把这 3 个数由小到大输出。

1-8　应用 for 循环打印菱形。

1-9　使用 while 循环语句计算 1～20 的阶乘之和。

第 2 章　Android 开发基础

【内容简介】

本章主要介绍了移动终端及移动应用开发概况；Android SDK 模拟器；Android 工程调试方法；Android 开发平台搭建；Android 四大组件简介。

【重点难点】

重点：Android 特点及框架结构；Android SDK 环境搭建及模拟器使用；Android 程序结构及调试。

难点：Android 环境搭建；Android 程序结构。

2.1　移动终端发展概述

移动终端或者叫移动通信终端是指可以在移动中使用的计算机设备，广义地讲包括手机、笔记本、平板电脑、POS 机甚至包括车载电脑。随着网络和技术朝着越来越宽带化的方向发展，移动通信产业将走向真正的移动信息时代。

2.1.1　移动终端概况

移动终端的移动性主要体现在移动通信能力和便携化体积。移动终端作为简单通信设备伴随移动通信发展已有几十年的历史。自 2007 年开始，智能化引发了移动终端基因突变，根本改变了终端作为移动网络末梢的传统定位。移动智能终端几乎在一瞬之间转变为互联网业务的关键入口和主要创新平台，新型媒体、电子商务和信息服务平台，以及互联网资源、移动网络资源与环境交互资源的最重要枢纽，其操作系统和处理器芯片甚至成为当今整个 ICT 产业的战略制高点。移动智能终端引发的颠覆性变革揭开了移动互联网产业发展的序幕，开启了一个新的技术产业周期。随着移动智能终端的持续发展，其影响力将比肩收音机、电视和互联网(PC)，成为人类历史上第四个渗透广泛、普及迅速、影响巨大、深入至人类社会生活方方面面的终端产品。

近年来移动终端进入智能化发展阶段，其智能性主要体现在四个方面：其一是具备开放的操作系统平台，支持应用程序的灵活开发、安装及运行；其二是具备 PC 级的处理能力，可支持桌面互联网主流应用的移动化迁移；其三是具备高速数据网络接入能力；其四是具备丰富的人机交互界面，即在 3D 等未来显示技术和语音识别、图像识别等多模态交互技术的发展下，以人为核心的更智能的交互方式。

移动智能终端是指具备开放的操作系统平台(应用程序的灵活开发、安装与运行)，PC 级的处理能力，高速接入能力和丰富的人机交互界面的移动终端，包括智能手机和平板电脑。

目前新兴的移动智能终端操作系统迅猛发展，而传统操作系统则持续萎缩，从生态系统规模看,以谷歌、苹果、微软为代表的三大阵营已初步形成。

2.1.2　移动应用开发特点

全球主要移动智能终端操作系统均配有相应的软件开发环境,典型的包括:苹果开发环境、Android 开发环境、微软开发环境等。苹果开发环境 Xcode 开发的应用支持 Mac、iPhone 以及 iPad 平板。当前苹果拥有全球最大的移动智能终端应用生态,其开发环境也成为全球众多移动开发者的首选,基于其开发的移动应用规模超过 70 万。Android 开发环境包括 Android 软件开发包、开源 Java 开发包、开源集成开发环境 Eclipse 及其 Android 扩展开发插件等。随着 Android 在全球市场的迅速崛起,Android 开发者规模迅速上升,Android Market 应用数量也达到 70 万。微软开发环境基于其著名的 Visual Studio 系列,借助在 PC 领域的传统优势,Visual Studio 开发环境在全球拥有最大的使用客户群,应用生态成长潜力很大。

除平台自带开发环境外,业界也出现了一些第三方辅助设计开发工具,其在原生开发环境基础上扩展优化开发能力,提升开发者体验。随着网络环境的持续改善,云模式开发将成为全球主流开发环境下一步的重要探索演进方向,"云"开发环境将编辑、编译、调试、模拟等功能放在云端,省去了开发者安装开发环境的步骤,实现了随时随地、分布式协同的开发者体验,进一步提升了开发效率,有可能引发开发环境技术的新一轮重大变革。

2.1.3　主流移动应用开发平台对比

现在市场上较为主流的几款手机操作系统分别是 Google 的 Android,苹果的 iOS 以及微软的 Windows Phone。而这三者当中,相对而言,Android 与 iOS 占据着更大的市场份额。下面分析它们的优劣势。

1. 苹果(iOS)

(1) 优势

① 非常有艺术感的 UI 设计。

② 更难得的是，还拥有极佳的 UI 性能。苹果大量使用的 UI 元素如圆角、半透明、渐变、模糊，特别是动画，对软件的渲染性能要求是非常高的。很多山寨机，能够山寨 iPhone 的外形和界面，却怎么也山寨不了那种流畅的感觉(微软的 XP 也达不到，Win7 接近了)。

(2) 劣势

① 价格昂贵。

② 技术封闭。尽管和自家的 i 系列集成不错，但和市场占有率最大的 PC 交互不是很好。

2. Google(Android)

(1) 优势

① 品种和价格。最大的优势无疑是品种的多样性和较低的价格。不同厂商的手机有着多种的外观和尺寸，不同人可以有不同的选择。低廉的价格也会吸引很多普通消费者。

② 技术开放。相对 iOS，开发 Android 程序的限制很少。

(2) 劣势：UI 性能不足,软件 UI 流畅度不如 iOS，即使硬件配置很高,这是最大的劣势，和 iOS 相比，Android 的动画卡得明显。

3. 微软(Windows Phone)

(1) 优势

① 和 PC 会有很好的集成。毕竟很多事情在 PC 上比较方便，如果手机、平板和 PC 之间能够很好地共享和交互，这是非常大的优势。

② 技术实力雄厚。开发工具(Visual Studio)和支持(MSDN)是最好的。

(2) 劣势：Metro 的不确定性。Metro 风格独特，能否被市场接受很难确定。

2.2 Android 简介

本节主要介绍 Android 的发展历史及现状、Android 的平台系统架构，以及 Android 平台的优劣势分析。

2.2.1 Android 的发展与历史

Android 是一种以 Linux 为基础的开放源码操作系统，主要使用于便携设备。最初由 Andy Rubin 开发，最初主要支持手机。2005 年由 Google 收购注资，并组建开放手机联盟开发改良，逐渐扩展到平板电脑及其他领域上。

从 2007 年 11 月 5 日谷歌公司正式向外界展示了这款名为 Android 的操作系统至今，Android 已经经历了多个版本的更新，截止到本书创作之初，最新的版本为 2014 年 10 月 15 日发布的 Android 5.0。Android 版本如表 2-1 所示。

表 2-1 Android 版本

Android 版本	发布日期	代号
Android 1.1		
Android 1.5	2009 年 4 月 30 日	Cupcake(纸杯蛋糕)
Android 1.6	2009 年 9 月 15 日	Donut(炸面圈)
Android 2.0/2.1	2009 年 10 月 26 日	Eclair(长松饼)
Android 2.2	2010 年 5 月 20 日	Froyo(冻酸奶)
Android 2.3	2010 年 12 月 6 日	Gingerbread(姜饼)
Android 3.0/3.1/3.2	2011 年 2 月 22 日	Honeycomb(蜂巢)
Android 4.0	2011 年 10 月 19 日	Ice Cream Sandwich(冰淇淋三明治)
Android 4.1	2012 年 6 月 28 日	Jelly Bean(果冻豆)
Android 4.2	2012 年 10 月 8 日	Jelly Bean(果冻豆)
Android 4.4	2013 年 10 月 8 日	KitKat
Android 5.0	2014 年 10 月 15 日	Lollipop

从 Android 1.5 版本开始，Android 系统越来越像一个智能操作系统，Google 开始将 Android 系统的版本以甜品的名字命名。随着 Android 系统近年来的快速普及与发展，越来越多的厂商加入到 Android 的阵营。据 CNET 报道，2014 年调研机构 Strategy Analytics 第三季度报告中显示，Android 以 83.6%的市场占有率稳居移动操作系统市场之首，其出货量为 2.68 亿，2013 年同期为 2.06 亿，市场份额由 81.4%上升至 83.6%。

2.2.2　Android 平台系统架构

Android 系统的底层是建立在 Linux 系统之上的，它采用软件叠层（Software Stack）的方式进行构建。使得层与层之间相互分离，明确各层的分工。这种分工保证了层与层之间的低耦合，当下层发生改变的时候，上层应用程序无须做任何改变。

Android 系统分为 4 层，从高到低分别是：应用程序层（Application）、应用程序框架层（Application Framework）、系统运行库层（Libraries）和 Linux 内核层（Linux Kernel），如图 2-1 所示为 Android 系统的系统架构图。

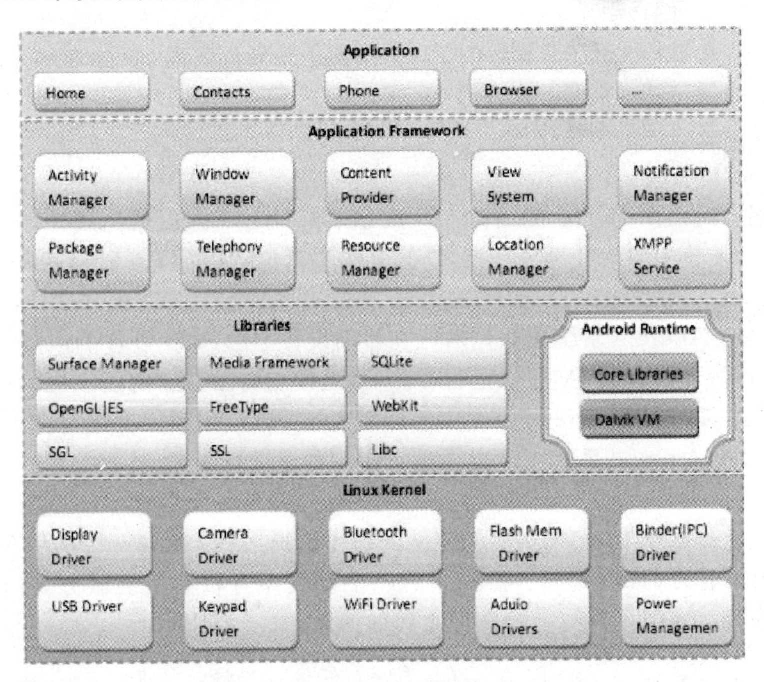

图 2-1　Android 系统的系统架构图

Android 操作系统可以在 4 个主要层面上分为 5 个部分。

（1）应用程序层（Application）

Android 系统包含了一系列核心应用程序，包括电子邮件、短信 SMS、日历、拨号器、地图、浏览器、联系人等。这些应用程序都是用 Java 语言编写。本书重点讲解如何编写 Android 系统上运行的应用程序，在程序分层上，与系统核心应用程序平级。

（2）应用程序框架层（Application Framework）

Android 应用程序框架提供了大量的 API 供开发人员使用。Android 应用程序的开发就是调用这些 API，根据需求实现功能。

应用程序框架是应用程序的基础。为了软件的复用，任何一个应用程序都可以开发 Android 系统的功能模块，只要发布的时候遵循应用程序框架的规范，其他应用程序也可以使用这个功能模块。

（3）系统运行库层（Libraries）

Android 系统运行库是用 C/C++语言编写的，是一套被不同组件所使用的函数库组成的集合。一般来说，Android 应用开发者无法直接调用这套函数库，都是通过它上层的应用程序框架提供的 API 来对这些函数库进行调用。

下面对一些核心库进行简单的介绍。

Libc:从 BSD 系统派生出来的标准 C 系统库,在此基础之上,为便携式 Linux 系统专门进行了调整。

Media Framework:基于 PacketView 的 OpenCORE,这套媒体库支持播放与录制硬盘及视频格式的文件,并能查看静态图片。

Surface Manager:在执行多个应用程序的时,负责管理显示与存取操作间的互动,同时负责 2D 绘图与 3D 绘图进行显示合成。

WebKit:Web 浏览器引擎,该引擎为 Android 浏览器提供支持。

SGL:底层的 2D 图像引擎。

3D libraries:基于 OpenGL ES 1.0API,提供使用软硬件实现 3D 加速的功能。

FreeType:提供位图和向量字体的支持。

SQLite:轻量级的关系型数据库。

(4) Android 运行时

Android 运行时由两部分构成:Android 核心库和 Dalvik 虚拟机。其中核心库提供了 Java 语言核心库所能使用的绝大部分功能,Dalvik 虚拟机负责运行 Android 应用程序。

虽然 Android 应用程序是通过 Java 语言编写的,而每个 Java 程序都会在 Java 虚拟机 JVM 内运行,但是 Android 系统毕竟是运行在移动设备上的,由于硬件的限制, Android 应用程序并不使用 Java 的虚拟机 JVM 来运行程序,而是使用自己独立的虚拟机 Dalvik VM,它针对多个同时高效运行的虚拟机进行了优化。每个 Android 应用程序都运行在单独的一个 Dalvik 虚拟机内,因此 Android 系统可以方便地对应用程序进行隔离。

(5) Linux 内核

Android 系统是基于 Linux2.6 之上建立的操作系统,它的 Linux 内核为 Android 系统提供了安全性、内存管理、进程管理、网络协议栈、驱动模型等核心系统服务。Linux 内核帮助 Android 系统实现了底层硬件与上层软件之间的抽象。

2.2.3 Android 系统平台的优势

Android 系统相对于其他操作系统,有如下几点优势。

(1) 开放性

首先就是 Android 系统的开放性,其开发平台允许任何移动终端厂商加入到 Android 联盟中来,降低了开发门槛,使其拥有更多的开发者,随着用户和应用的日益丰富,也将推进 Android 系统的成熟。同时,开放性有利于 Android 设备的普及以及市场竞争力,这样有利于消费者买到更低价位的 Android 设备。

(2) 丰富的硬件选择

同样由于 Android 系统的开放性,众多硬件厂商可以推出各种搭载 Android 系统的设备。现如今,Android 系统不仅仅只是运行在手机上,越来越多的设备开始支持 Android 系统,如电视、可佩戴设备、数码相机等。

(3) 便于开发

Google 开放了 Android 的系统源码,提供给开发者一个自由的开发环境,不必受到各种条条框框的束缚。

(4) Google 服务的支持

Google 公司作为一个做服务的公司,它提供了如地图、邮件、搜索等服务,Android 系统可以对这些服务进行无缝的结合。

2.3　Android开发环境搭建

学习一种新技术之前，初学者经常会听到老师强调“工欲善其事，必先利其器”这句话，在学习Android开发之前，必须首先熟悉并搭建它所需要的开发环境，本节将对如何搭建Android开发环境进行详细讲解。

2.3.1　Android开发准备

要进行Android的开发，首先要搭建开发平台或环境。谷歌公司推出了集成开发环境Android SDK(软件开发包)，它将开发手机应用所需的相关APIs集成到一个软件中。目前谷歌推出两种编辑程序方式：ADT Bundle 和 Android Studio。

谷歌早期并没有特别推出专门的Android开发软件，而是用插件的方式去支持使用Java开发的软件，例如Eclipse。因此，早期的Android开发环境就是装有ADT Plugin for Eclipse的Eclipse。自Android4.0之后，谷歌将Android SDK改进为Eclipse＋ADT Plugin for Eclipse整合压缩成名为ADT Bundle的开发工具。从Android4.2之后，又推出Android Studio开发工具。Android Studio也是由Android SDK研发团队推出的，但它最大的差异在于它并非以Eclipse程序编辑器软件为基础，反而是以IntelliJIDEA软件为基础的。

这里我们建议使用ADT Bundle进行Android开发。下面重点讲解一下软件需求，这里将介绍两个方面：操作系统和开发环境。

Android SDK支持的操作系统：Windows XP(32位)、Vista(32位或64位)、Windows7(32位或64位)、Mac OS X 10.5.8或更新版本(只能在x86硬件上执行)、Linux(Android官方已在Ubuntu Linux、Lynx上测试过)

这里，只介绍ADT Bundle开发环境的搭建，搭建ADT Bundle之前，还需要在计算机上安装JDK(Java开发工具包)。在ADT Bundle中含有最新版本的Android APIs套件，目前为Android5.0(API 21)。因此，在安装ADT Bundle之后还需下载之前版本的API。这些早期版本的API通过Android SDK Manager软件下载和管理。ADT Bundle本身包含有Android SDK Manager软件。

至此，搭建Android开发环境的流程已经明确，首先需要下载安装JDK，然后下载解压缩ADT Bundle，最后额外下载更新Android SDK。

2.3.2　JDK下载安装

假如电脑上没有安装JDK或者安装的版本低于JDK6，那么需要下载安装JDK。JDK主要包括了Java运行环境(Java Runtime Environment，JRE)、javac编译器、jar封装工具、javadoc文件生成器以及jdb调试等工具。它是开发Java的必备软件。由于Android手机应用开发也是使用Java语言，因此，必须先下载安装JDK。

如何确定计算机中是否安装了JDK呢?

在计算机“开始”→“运行”→“打开”，输入“cmd”，弹出命令提示符窗口。在光标处输入“java-version”。如果如图2-2所示显示java version “1.7.0_45”，说明已安装了JDK。

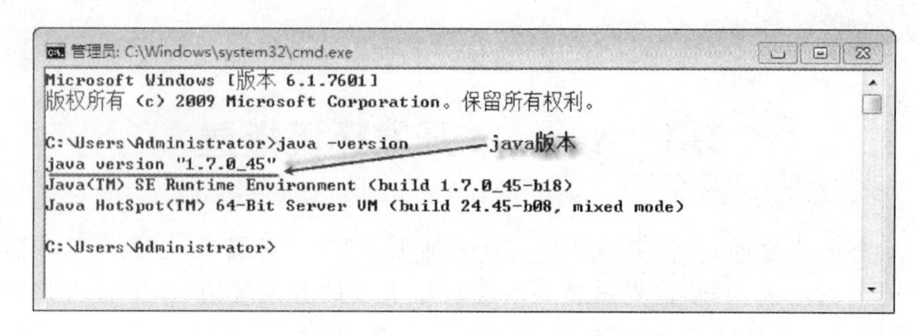

图 2-2　命令行提示符中验证是否安装 JDK(1)

如果出现如图 2-3 所示，显示“java”不是内部或外部命令，说明没有安装 JDK。

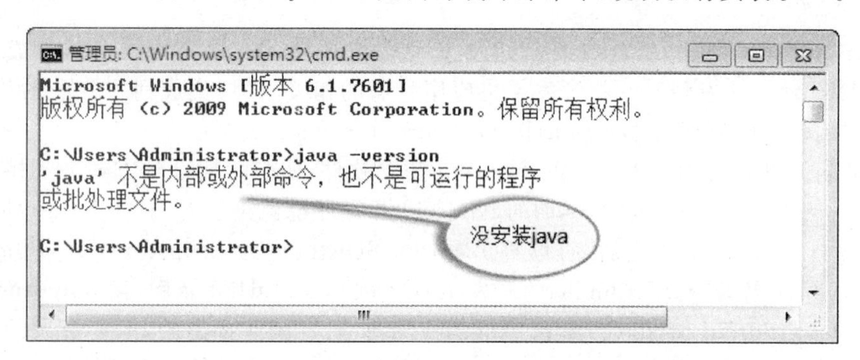

图 2-3　命令行提示符中验证是否安装 JDK(2)

如果电脑上没有安装 JDK，按照以下步骤在电脑上安装 JDK。

(1) 首先下载最新版本的 JDK 安装包。登录 Oracle 官网 http://www.oracle.com/technetwork/java/javase/downloads/index.html 进行下载。如图 2-4 所示，第一步在地址栏输入网址，打开网页；第二步单击“Java Platform（JDK）8u25”上方的 DOWNLOAD，跳转到如图 2-5所示的 JDK 下载页面。

图 2-4　Oracle 官网 JDK 下载界面

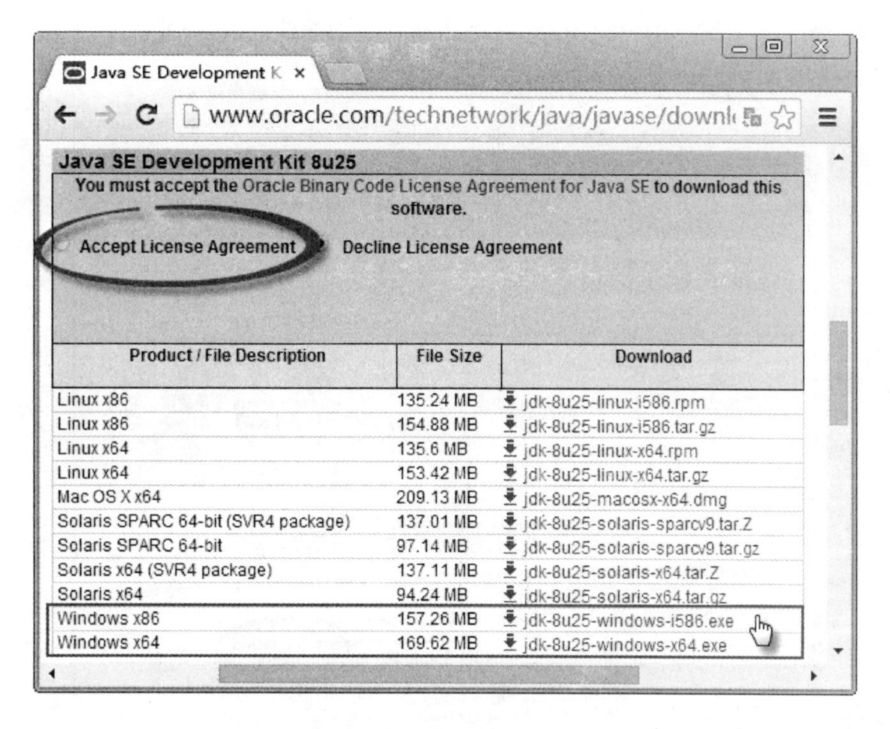

图 2-5　JDK 下载界面

第一步选中"Accept License Agreement",出现"Thank you for accepting the Oracle Binary Code License Agreement for Java SE; you may now download this software",说明可以进行下载。第二步选择下载的 JDK 版本,这里选择 Windows x86 系统,大小为 151.26 MB,文件名为"jdk-8u5-windows-i586.exe"。到此,Java 安装程序下载完成。

(2) 在电脑上安装 JDK。双击安装程序,出现安装窗口,如图 2-6 所示,直接单击"下一步"。

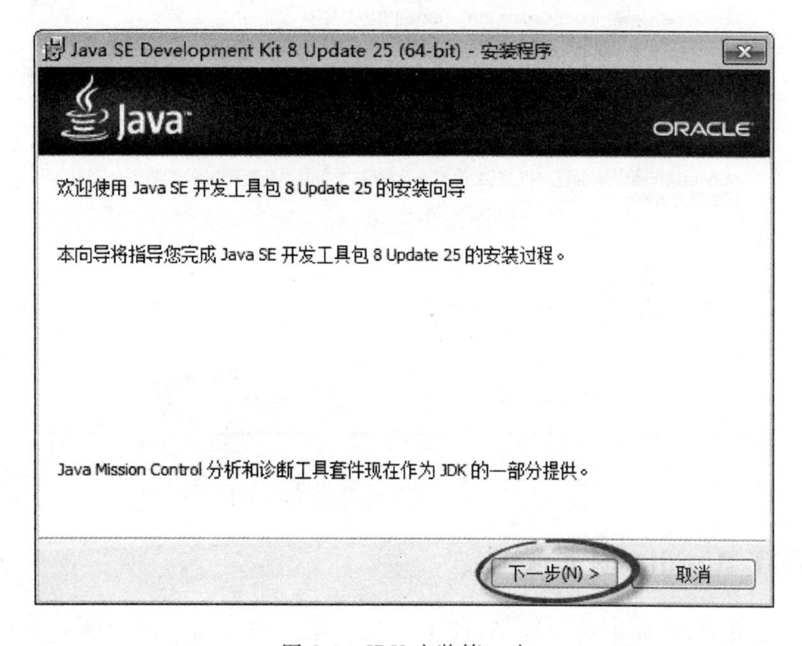

图 2-6　JDK 安装第一步

之后进入如图 2-7 所示的窗口,在此可以选择安装的功能,并可以更改安装路径。如果无须修改,可直接单击"下一步"。

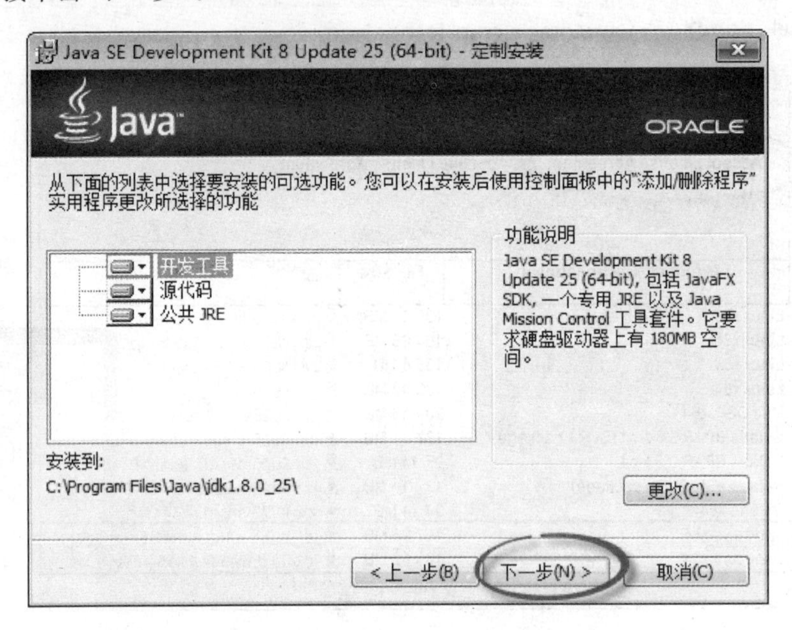

图 2-7　JDK 安装更改安装路径

安装到此以后,后面步骤继续单击"下一步",每一步安装会显示安装进度,等待一段时间后,显示如图 2-8 所示安装完成提示窗口。单击"关闭"按钮,完成 JDK 的安装程序。

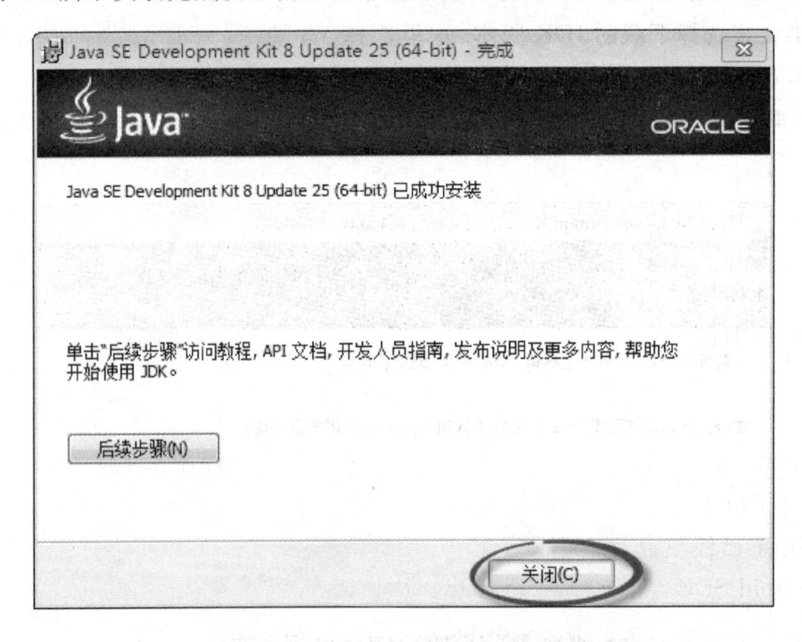

图 2-8　JDK 安装完成

2.3.3　ADT Bundle 下载安装

JDK 安装完成后,需要下载安装 ADT Bundle。第一步在浏览器中输入网址 http://developer. android. com/sdk/index. html，打开页面后如图 2-9 所示，网站中间有一个大型按钮，上面写着“Download Eclipse ADT with the Android SDK for Windows”。第二步单击此按钮即可下载 ADT Bundle。

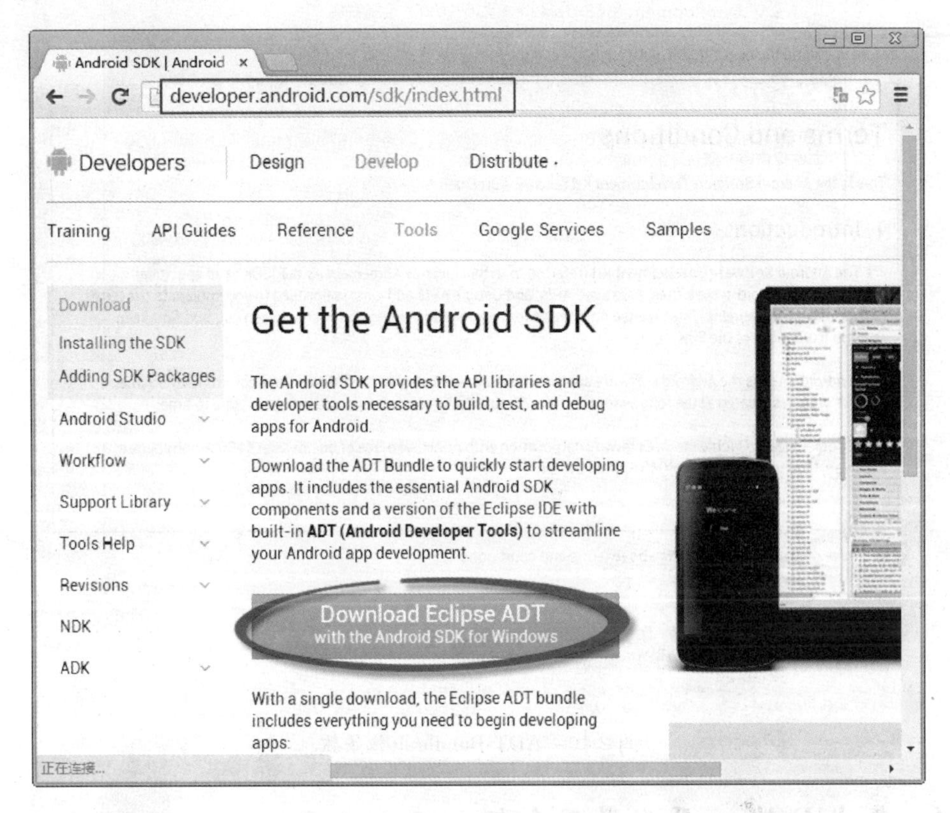

图 2-9　ADT Bundle 下载界面

单击下载按钮之后，转入到下载界面，如图 2-10 所示。首先看到下载 ADT Bundle 的 Android SDK 使用条款与版权说明，阅读以后勾选“I have read and agree with the above terms and conditions”。读者根据使用的计算机选择“32-bit”或“64-bit”。当都选中后，下面的按钮(Download Eclipse ADT with the Android SDK for Windows)变亮，此时可以进行下载。

将下载的压缩包全部解压缩，在解压缩时如果想将文件夹重新命名，文件夹名称必须是英文和数字，而且要使用半角英文字母。解压缩完成后，打开文件夹，可以看到有两个预设的文件夹：eclipse 和 sdk，还有 SDK 的管理器(SDK Manager)。

现在打开“eclipse”文件夹，看到所有 eclipse 文件夹中的程序及子文件夹。ADT Bundle 已经预先设置了以下几个重要的内容。

(1) Eclipse 已经整合了 ADT Plugin for Eclipse。

(2) Android SDK 工具(Android SDK Tools)。

(3) Andorid SDK 平台工具(Android Platform-tools)。

(4) 最新版本的 Android SDK 平台(The latest Android platform)。

(5) 最新的 Android 模拟器(The latest Android system image for the emulator)。

此时，已经完成了 ADT Bundle 下载及安装的基本工作，现在只要直接单击“eclipse. exe”就可以开始 Android 手机开发工作了。

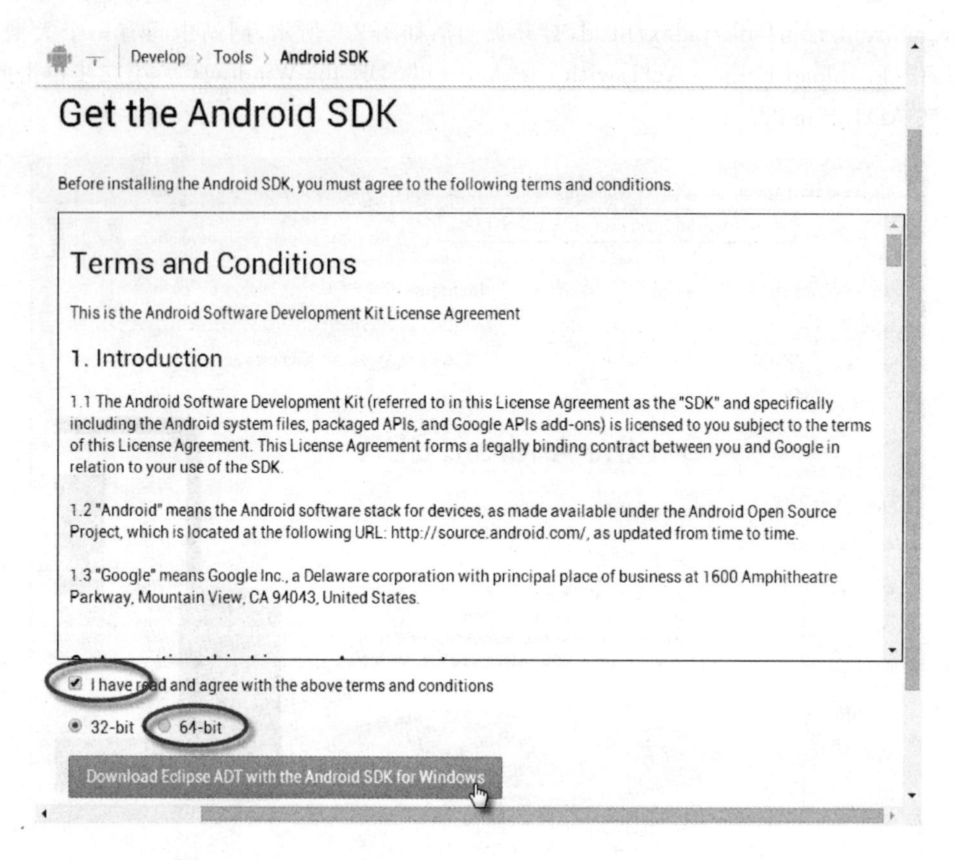

图 2-10　ADT Bundle 下载条款

2.3.4　集成 Eclipse 开发界面介绍

双击“eclipse. exe”，启动界面完成后，出现如图 2-11 所示的界面，提示用户选择程序工作空间(Workspace)。用户可以选择自己喜欢的文件夹存放程序资源。

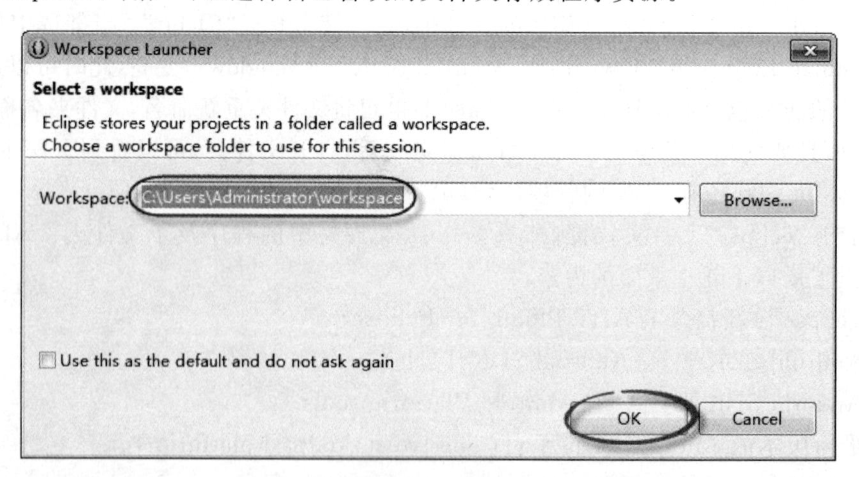

图 2-11　Eclipse 工作空间设置

第一次打开 Eclipse，会出现如图 2-12 所示的欢迎界面(Welcome to Android Development)，用户可以根据自己的意愿选择是否接受发送自己的信息，选择完成或者取消。

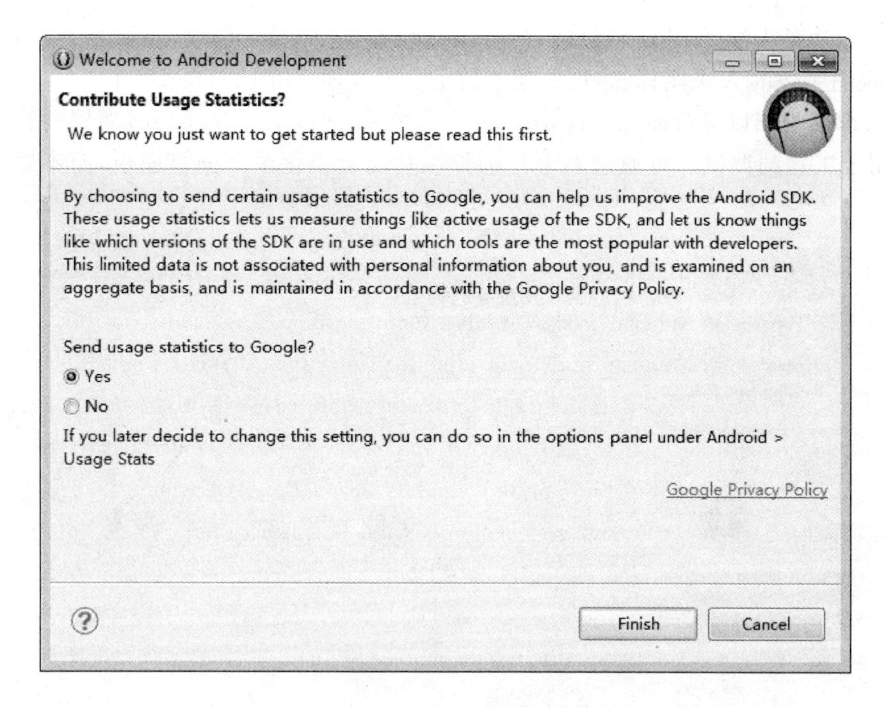

图 2-12　Eclipse 欢迎界面 1

这里选择取消，出现如图 2-13 所示的界面。上面是 Android ADT 的简介，下面是用户手册，包括如何创建第一个 APP、设计 APP 和测试 APP。

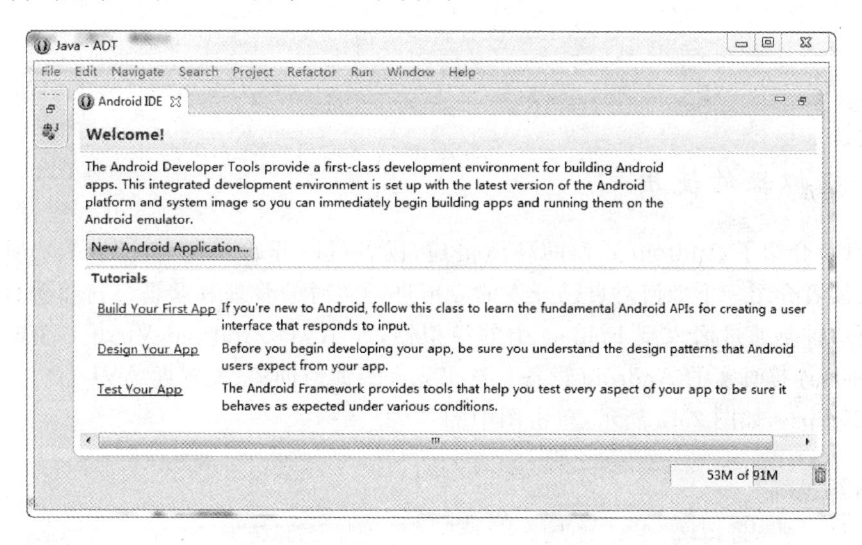

图 2-13　Eclipse 欢迎界面 2

选择关闭，进入 Eclipse 工作窗口，如图 2-14 所示，可以看到工作窗口分成了几个不同的区域，这里称为视图。

(1) 最左边为包浏览器(package explorer)视图，它管理 Android 工程所有的相关文件，可以查看工程的层次结构，也可以进行新建、修改、打开、关闭工程等一系列操作。

(2) 中间是代码编辑区(editor)视图，在此可以进行 Android 工程界面和功能的设计与开发。

(3) 在右边是大纲(outline)视图,显示正在执行任务的相关信息,比如是否正在执行等。通过单击视图旁边的 X 关闭标志,可关闭右边的各种视图,如图 2-14 中所示。

(4) 底部的视图以分组面板(tag group)形式显示,是将工程在运行时遇到的错误显示出来,主要用于工程的调试。可通过右上角的控制功能最小化整个分组面板,而不要全部关闭它们。

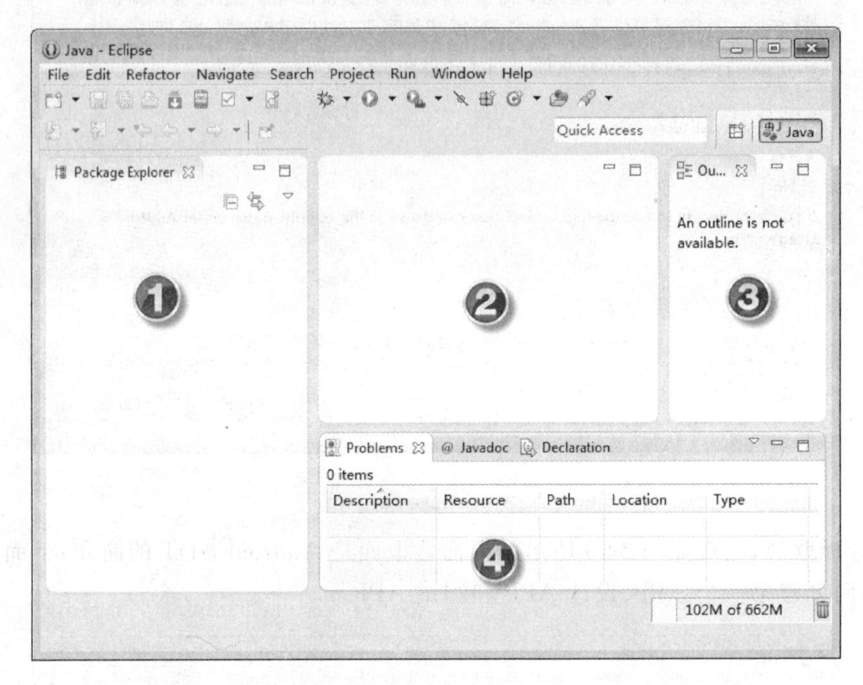

图 2-14 Eclipse 工作窗口

2.3.5 模拟器的使用

前面章节介绍了 Android 开发的环境搭建,读者可以开始开发自己的 Android 应用了。在本节,为读者介绍一下如何对自己开发的应用进行实时的管理和验证。这里为读者提供两种办法:第一种是通过嵌入到 Eclipse 中的模拟器,即 AVD(Android Virtual Device Manager);第二种是连接真实的 Android 设备。这里先介绍如何创建、配置虚 AVD。

打开 Eclipse,如图 2-15 所示,单击图中的 AVD 图标。

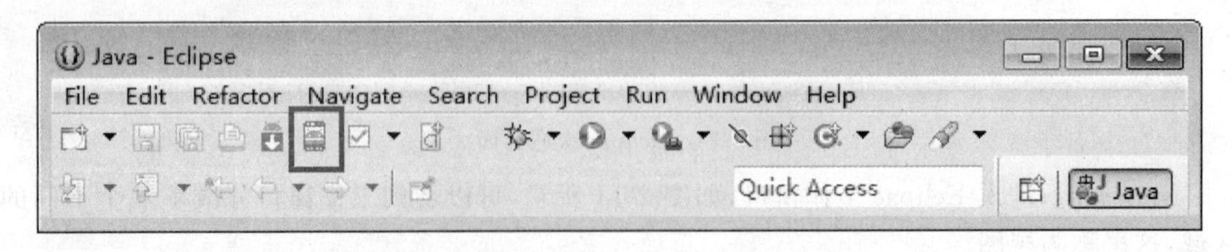

图 2-15 Eclipse 工作窗口

弹出 AVD 管理窗口,如图 2-16 所示,AVD 窗口中有两个项目,Android Virtual Devices(虚拟设备列表)和 Device Definitions(实际设备列表)。默认打开的是 Android Virtual Devices。新建一个虚拟机,单击右侧"Create"按钮,出现如图 2-17 所示的详细配置窗口。

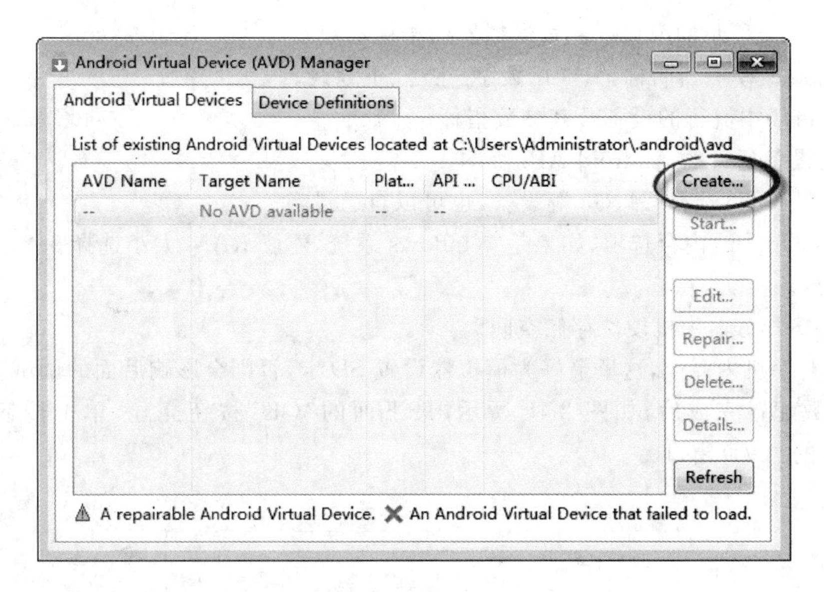

图 2-16　AVD 管理窗口

图 2-17 中最下面的提示信息“AVD　Name cannot be empty”，说明模拟器名称不能为空，因此在第一行 AVD Name 中输入模拟器的名称。

图 2-17　AVD 配置窗口

在如图 2-17 所示的窗口中配置模拟器的指标参数。

AVD Name:模拟器名称,只能用数字、字母、下划线。

Device:市场中流行的设备及其参数指标。

Target:设备运行的 Android API 版本。

Skin:皮肤,可以选择 G1、G3 等设备,也可以自己设定。

Memory Option:内存选项,如果是 Windows 系统,建议 RAM 大小选择 512,这样模拟器才能正常运行。

Internal Storage:手机硬件存储空间。

SD Card:手机内存卡,这里最好为模拟器设置 SD 卡,否则会影响后面的调试。

基本参数配置完成后,如图 2-18 所示,最下面的"OK"按钮亮显,单击按钮返回到如图 2-19 所示的 AVD 窗口。

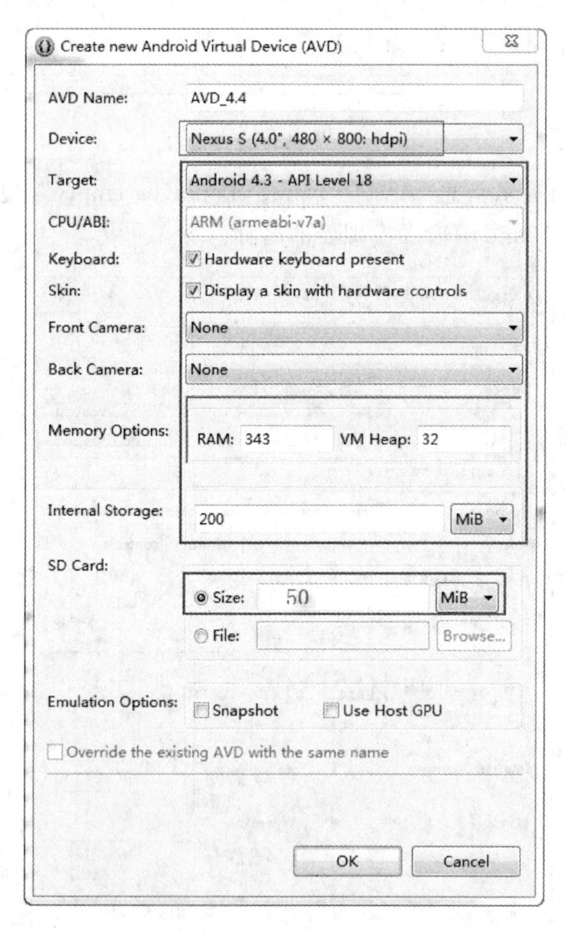

图 2-18　AVD 详细配置

可以看到新创建的模拟器显示在第一列,选中第一列的模拟器,右边按钮亮显,分别是新建(New)、编辑(Edit)、删除(Delete)、详细说明(Detail)和启动(Start)。单击"Start"按钮,出现如图 2-20 所示的界面。

点选"Scale display to real size","Screen Size(in):"亮显,它是用来配置模拟器屏幕尺寸大小的。可以根据自己的喜好来设定,这里设置为 4.0,单击"Launch",即出现启动进度条。计算机配置不同,模拟器的启动时间也不同,一般需要十几分钟到几十分钟。模拟器打开过程

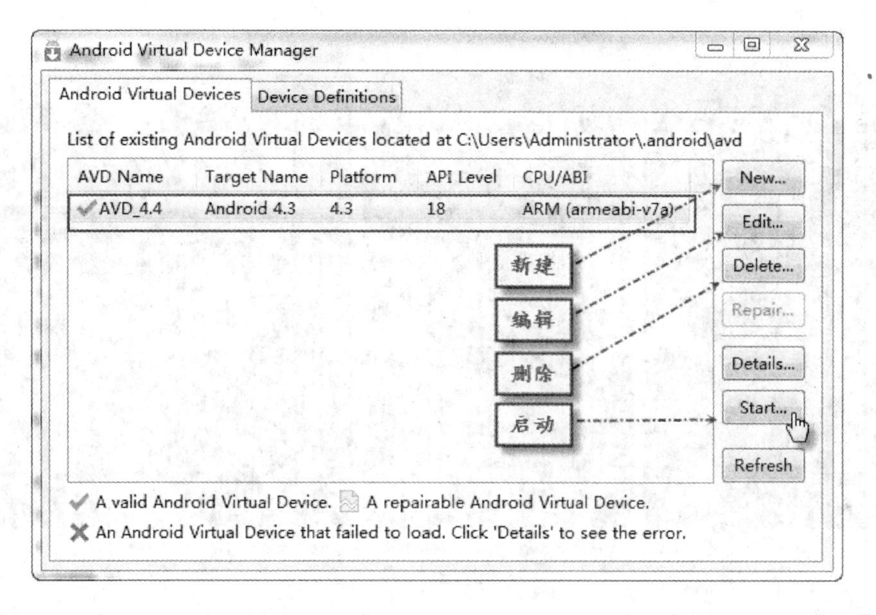

图 2-19　AVD 管理窗口 2

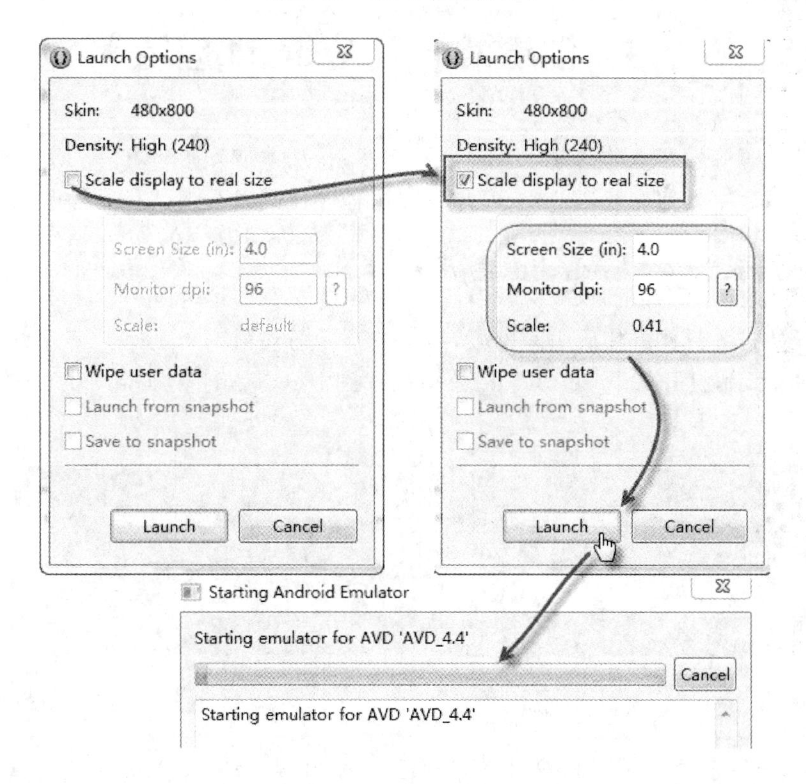

图 2-20　模拟器启动控制

如图 2-21 所示。

模拟器的优点是能够模拟各种真实的 Android 设备及版本，缺点是启动速度慢，有一些硬件，比如摄像头、传感器等应用无法进行模拟。如果有 Android 设备，建议读者使用真机测试自己开发的 Android 应用。

图 2-21　模拟器界面

2.4　创建第一个 Android 应用

上一节了解了开发环境的搭建以及模拟器的使用，从本节开始学习 Android 应用的开发。本节重点为大家介绍如何新建 Android 程序、阅读程序代码以及调试和运行程序。

2.4.1　新建第一个 Android 应用程序

从本节开始进入具体的代码编写阶段，接下来开始新建第一个工程。

如图 2-22 所示，打开 Eclipse，在 File 菜单中找到 New 后，打开 Android Application Project 命令。

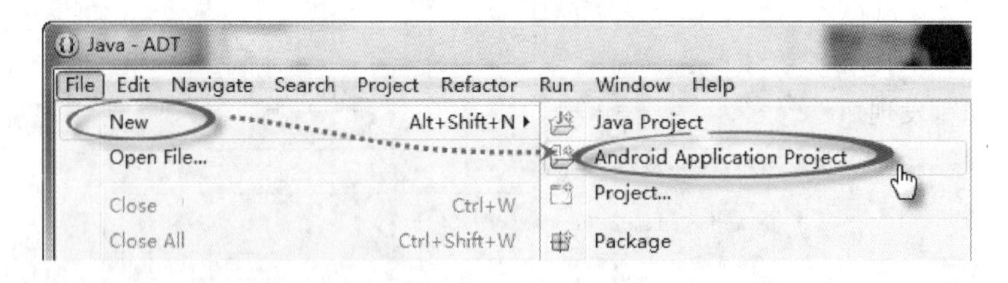

图 2-22　新建 Android 工程

在如图 2-23 所示的 New Android Application 窗口中，最上面白色区域内是系统提示用户下一步操作，例如打开窗口第一步提示：请输入应用名称（显示在启动图标上）。这个窗口中可以设置开发 Android 应用的基本信息，主要包括以下内容。

Application Name：应用名称，安装到手机或其他移动设备中显示在启动图标上的名称，也是将应用发布到 Google Play 商店中显示的名称。可以用中文名称。

Project Name：开发一个 Android 应用，在 Eclipse 中就是一个工程（Project）。它存储在工作空间（Workspace）中应当是唯一的。

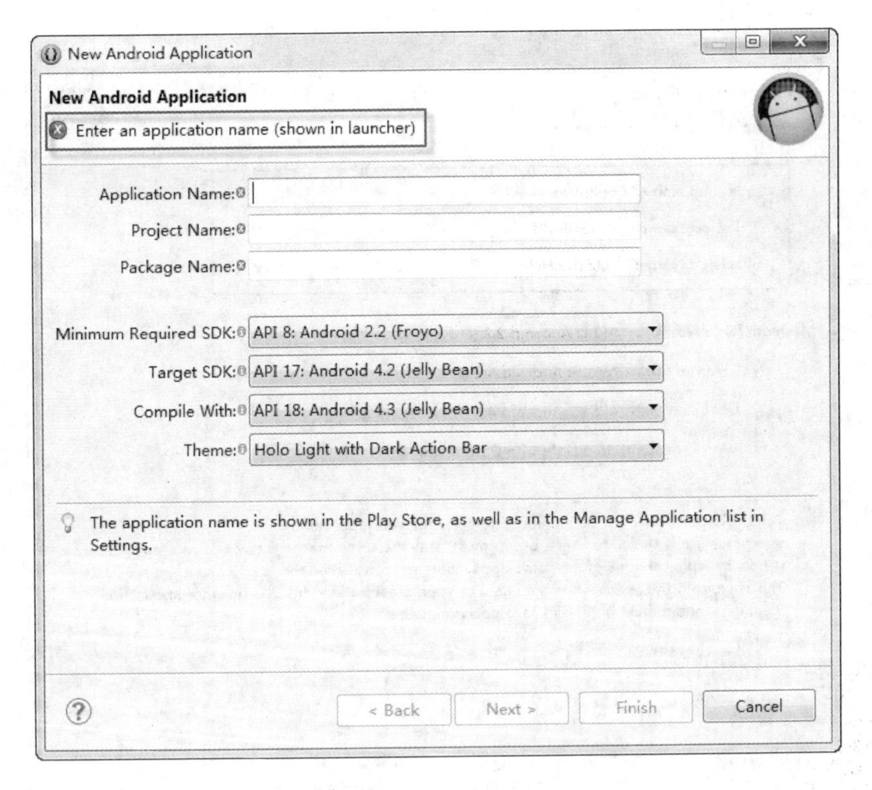

图 2-23 新建 Android 工程参数配置 1

Package Name：包名，它是一个应用程序的唯一标示，比如一个应用可能会有很多版本，不管是哪个版本，它的包名应该是唯一的。包名的命名规则有点类似于反顺序的网站名。

Minimum Required SDK：最低支持的 SDK，也就是说开发的应用可以运行的最低 SDK 平台。

Target SDK：应用安装在哪个版本的 SDK 平台上。

Complies With：应用在哪个 SDK 平台上进行编译。

Theme：主题风格，包含默认风格、暗风格、亮风格以及使用暗按钮的亮风格四个选择。

如图 2-24 所示，这里命名一个"HelloWorld"的应用。首先在 Application Name 中输入"HelloWorld"，发现后面两个属性值自动填充；Project Name 选择不变，和 Application Name 一致；可以看到自动填充的包名类似于反过来写的网站名字，这里根据开发要求修改一下，比如说改成 cptc. dxx. HelloWorld。剩下的属性选择默认。

选择"Next"，进入应用的其他一些配置，这里默认选择创建启动图标，创建 activity，将工程创建到工作空间中。如图 2-25 所示。

接下来就是配置启动图标，如图 2-26 所示。用户可以定义应用启动图标。Image 表示使用背景图片；Clipart 使用剪切图；Text 使用文字。Trim Surrounding Blank Space 选项设置前景图是否自动充满背景图；Additional Padding 设置前景图和背景图的显示比例；Foreground-Scaling 设定背景的尺寸，Crop 为拉伸，Center 为居中；Shape 设定背景图的形状，None 设置背景为空，Square 设为方形背景，Circle 设为圆形背景；Background Color 设置显示图标的背景色。

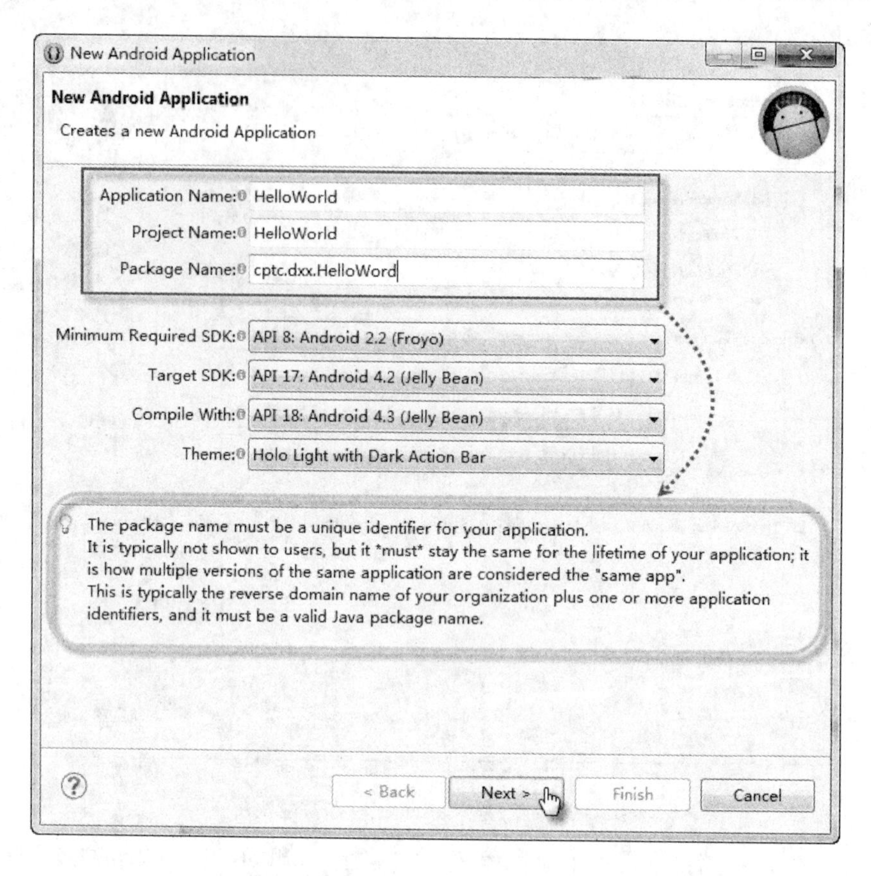

图 2-24　新建 Android 工程参数配置 2

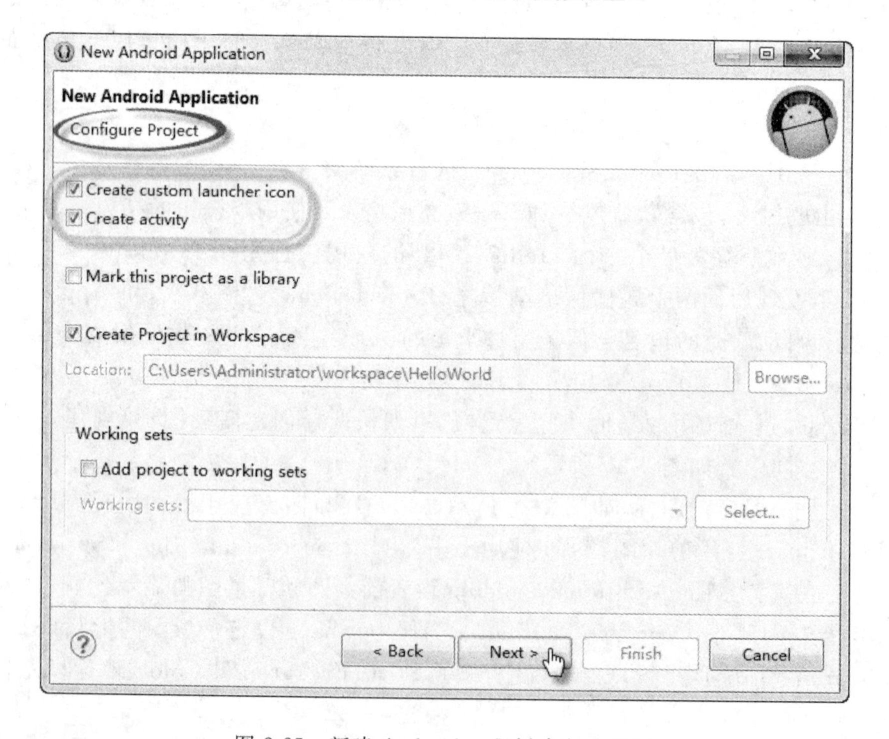

图 2-25　新建 Android 工程创建启动图标

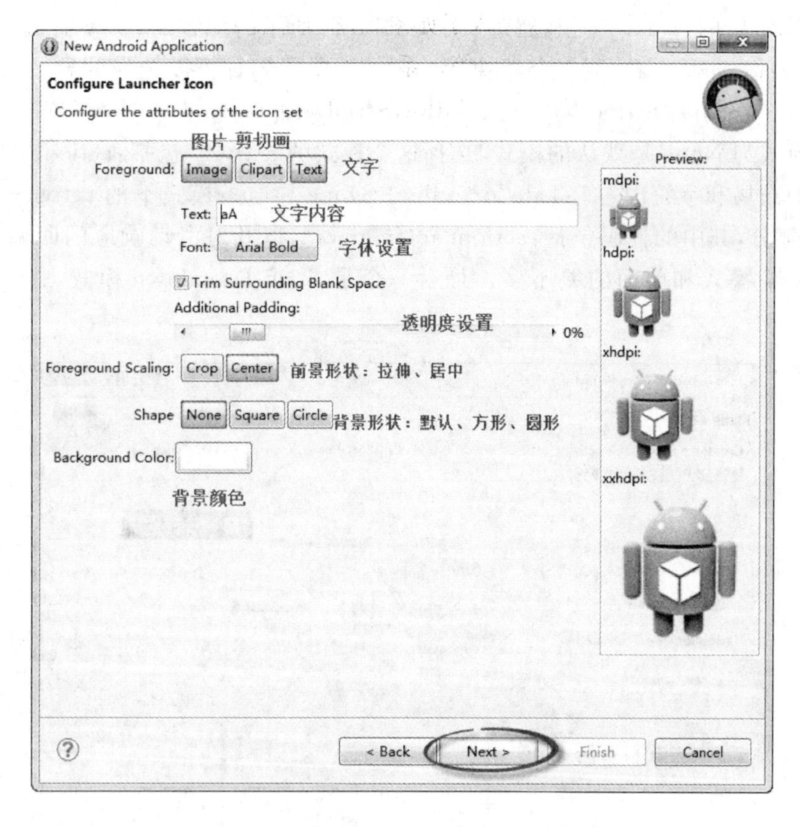

图 2-26　新建 Android 工程创建启动图标 2

单击"Next"按钮之后，进入如图 2-27 所示创建 Activity 的窗口。选择"Create Activity"，并选择一种 Activity。选择 Activity 的显示方式：Blank Activity，Fullscreen Activity，Master/Detail Flow。

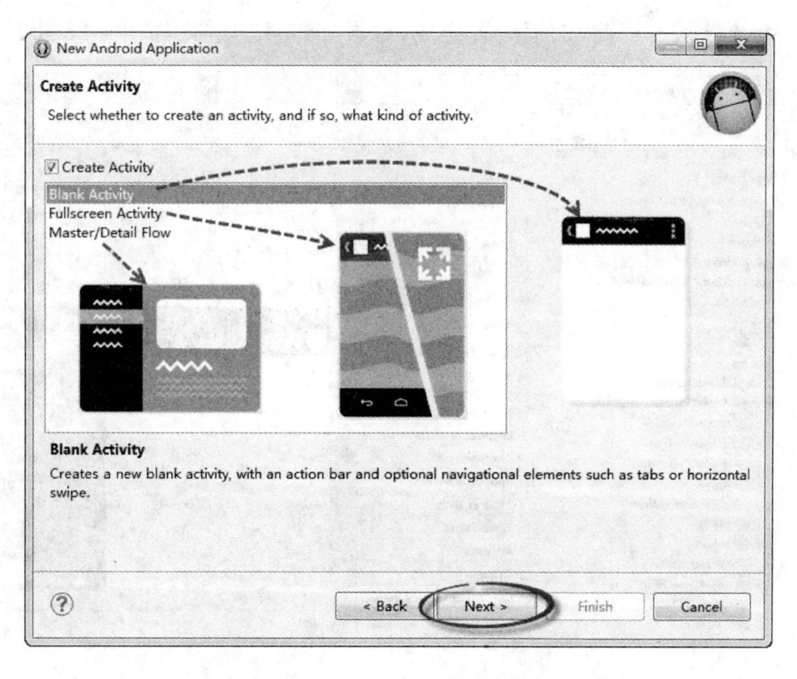

图 2-27　新建 Android 工程创建 Activity 1

单击图 2-27 中的"Next"按钮，就进入了如图 2-28 所示的配置 activity 窗口。配置 Activity 属性，包括名称、布局名称、导航条类型等。系统提供了四种可以选择的导航条模式：None，Tabs or Tabs ＋ Swipe，Swipe Views ＋ Title，Strip Dropdown。

导航条模式为 None 是默认的模式，选择这个模式的 activity 包括：actionbar、悬浮设置按钮以及基本的布局和字符内容。Tabs or Tabs＋Swipe 导航条模式下的 activity 为基于 fragment 的三个部分，其中的代码包括：actionbar，fragment，以及对滑动响应的回调方法。Swipe Views＋Title 的模式和前面的差不多。最后一个是 Strip Dropdown 模式，就是从 actionbar 中选择页面。

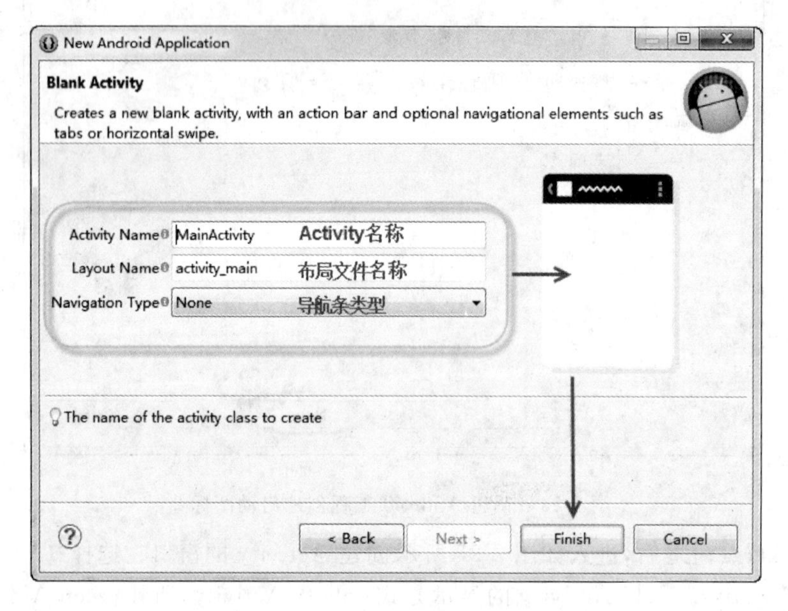

图 2-28　新建 Android 工程创建 Activity 2

这里选择系统默认。到此，工程配置完成，单击"Finish"，进入如图 2-29 所示的界面。

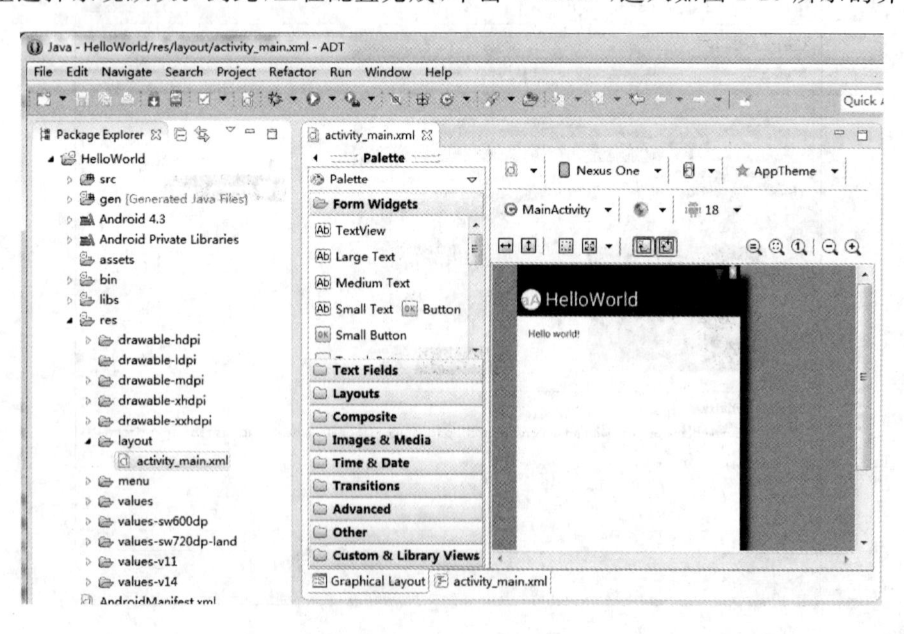

图 2-29　HelloWorld 工程

如图 2-29 所示，在各个窗口中出现了大量的内容，后面会逐一地、由浅入深地介绍。虽然只是进行了创建 Android 工程的基本配置，也可以在模拟器中运行一下，看一下它的效果。如图 2-30 所示，在包浏览器中(最左边)右击，选择“Run as”，启动“Android Application”。

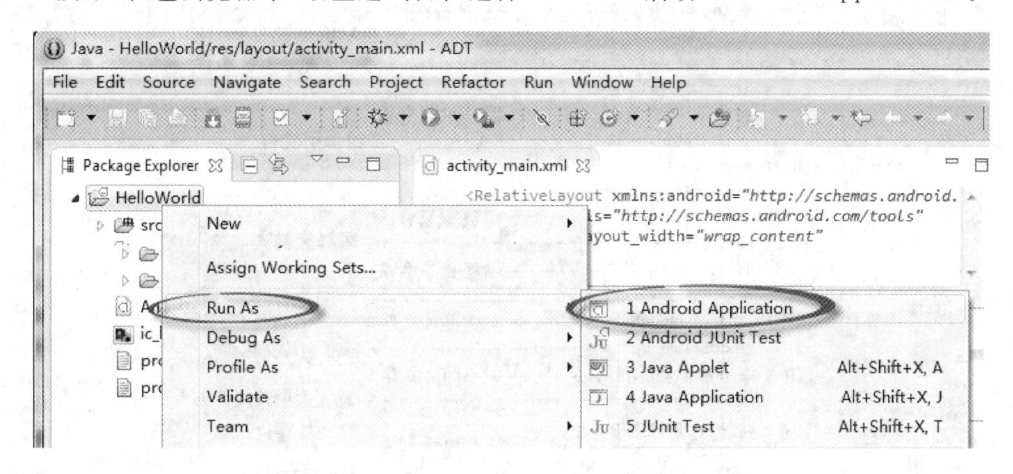

图 2-30　运行 HelloWorld 工程

如图 2-31 所示，模拟器上面显示应用名称，白色背景显示“Hello world”。这是系统默认的，每创建一个新的 Android 工程，都会这样显示。

图 2-31　HelloWorld 运行结果

2.4.2　认识 Android 程序结构

现在来认识一下 Android 程序的结构，Android 程序结构在包浏览器中查看，也就是 Eclipse 窗口的最左边，如图 2-32 所示。

图 2-32 中已详细标注出各个文件夹及文件的作用，不再赘述，后面章节在具体使用时详细介绍。在这里简单介绍一下 res 目录。

res 目录中包含了 Android 程序中所有的资源，比如程序图标、布局文件、常量值等。例如 res 目录中包含了 HelloWorld 程序的图标文件、布局文件和常量值，其中 drawable-hdpi、drawable-ldpi、drawable-mdpi 和 drawable-xhdpi 这 4 个文件夹中存储程序图标文件，layout 文件夹中存储布局文件，values 文件夹中存储常量值等。

res 和 assets 文件夹都是资源文件夹，但在实际开发时，Android 不为 assets 文件夹下的

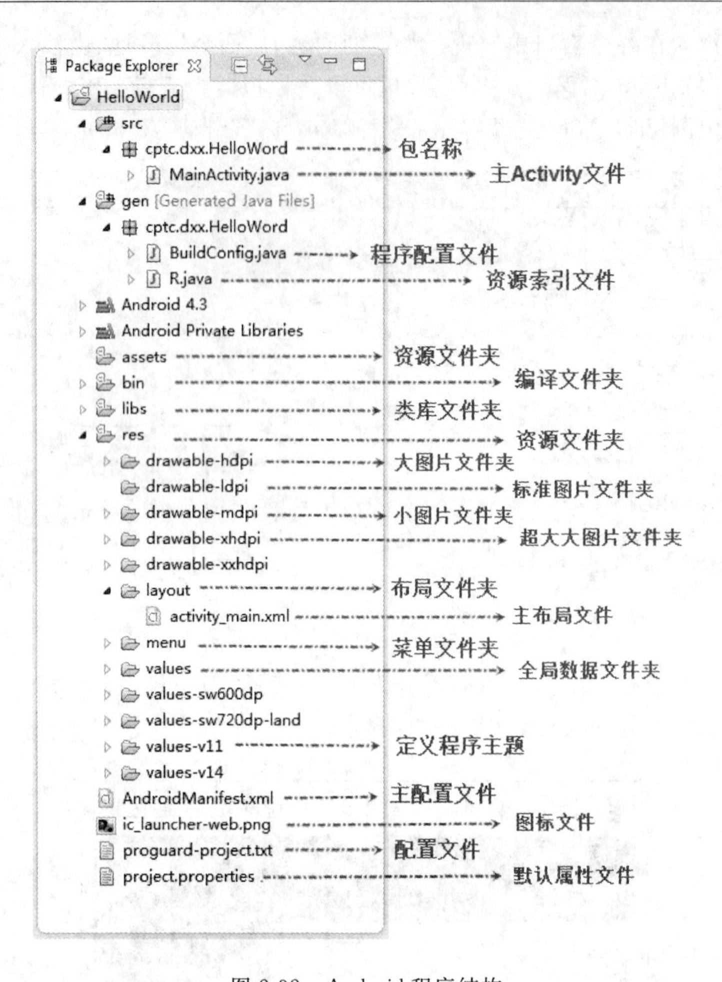

图 2-32　Android 程序结构

资源文件生成 ID,存放到这里的资源在运行打包的时候都会打入程序安装包中。res 文件夹中的资源会在 R. java 文件下生成 ID,这里的资源会在运行打包操作的时候判断哪些被使用到了,没有被使用到的文件资源是不会打包到安装包中的。

2.4.3　Android 工程中几个重要文件

本节重点介绍几个常用的文件,今后几乎所有的工程都是在这几个文件中进行代码编写和属性的配置。

1. 布局文件(activity_main. xml)

包浏览器(Package Explorer)中显示 Android 工程结构,很清晰地看出各文件的层级结构。本节介绍另外一个窗口——代码编辑区窗口。在新建工程中,代码编辑区窗中呈现给我们的是如图 2-33 中所示的界面。

每次新建的 Android 工程,在 Eclipse 中代码编辑区都显示的是该应用的界面显示,也就是它的布局结构。应用的布局通过文件 activity_main. xml 文件进行编辑。而 Eclipse 默认呈现给大家的是图形化编辑界面,窗口左边是提供给用户的各种可视化的组件,可以直接拖拽到右边手机屏幕中。在学习之初,不建议大家使用这种方式,可以单击左下角的“activity_main. xml”标签,将窗口切换到代码编辑窗口,如图 2-34 所示。

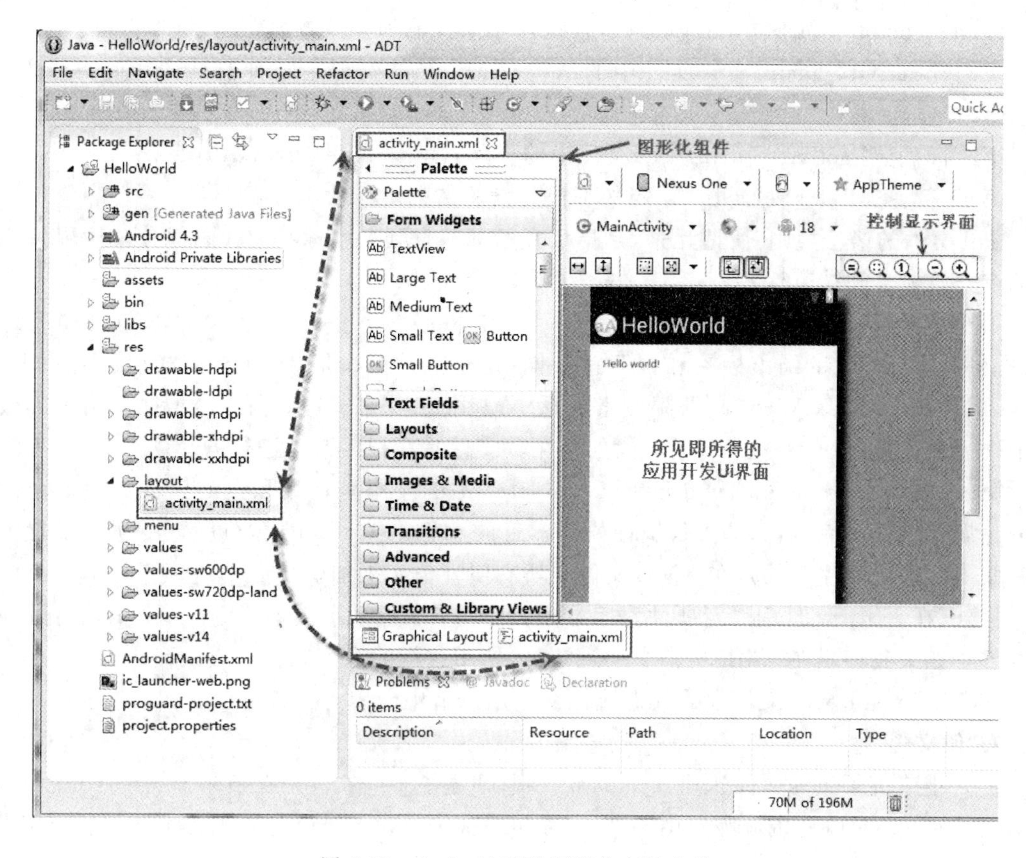

图 2-33　Android 工程图形化布局文件

```
activity_main.xml

<RelativeLayout xmlns:android="http://schemas.android.com/apk/res/android"
    xmlns:tools="http://schemas.android.com/tools"
    android:layout_width="wrap_content"
    android:layout_height="wrap_content"
    android:paddingBottom="@dimen/activity_vertical_margin"
    android:paddingLeft="@dimen/activity_horizontal_margin"
    android:paddingRight="@dimen/activity_horizontal_margin"
    android:paddingTop="@dimen/activity_vertical_margin"
    tools:context=".MainActivity" >

    <TextView
        android:layout_width="wrap_content"
        android:layout_height="wrap_content"
        android:text="@string/hello_world" />

</RelativeLayout>

Graphical Layout | activity_main.xml
```

图 2-34　布局文件代码

由图 2-34 可以看到 activity_main.xml 文件中共有 14 行代码，下面来认识一下布局文件的简单代码。

首先，注意到文件的格式是以 xml 为后缀的，什么是 XML 文件呢？XML 是指可扩展标记语言(Extensible Markup Language),被设计用来传输和存储数据,并非显示数据。

我们看 activity_main. xml 文件中的结构,XML 结构类似是一种树结构,它从“根部”开始,然后扩展到“枝叶”。

第 1 行:说明 activity_main. xml 文件中的根元素就是<RelativeLayout>;

第 15 行:</RelativeLayout>定义了根元素的结束;

xml 文件的语法规则:所谓元素,是指从开始标签直到结束标签的代码部分。所以每个元素都有开始标签和结束标签。

第 11~14 行:正如上面介绍的根元素一样,在本例中还有一个子元素是<TextView>元素,这里可以看到它的结束标签和根元素不同,这是一种简写形式,完整形式应当是<TextView 属性 ></TextView>,非根元素的话可以用“/>”来简写。每个 XML 文档中必须有一个根元素,可以没有子元素。子元素的使用其实就是在根元素中进行嵌套。

第 4 行:android:layout_width="match_parent"的作用是定义元素的属性。“=”前面的部分是属性名称,“=”后面部分是属性值。本行的意思是 Android 的布局宽度属性设置为匹配其父类。这里要注意的是在 XML 文件中所有属性值必须加引号。

另外,在 XML 文件中一定要注意字母的大小写,必须使用相同的大小写来编写打开和关闭标签。如果我们想在 XML 文件中加入注释,使用这样的规则<! ——注释——>。

activity_main. xml 文件中的其他属性在后面章节中慢慢为大家讲解。

2. 值文件

上一小节讲了布局文件 activity_main. xml,知道了布局文件是在目录 res→layout 中。那么 res 目录下还有哪些资源呢? 由图 2-35 可知,res 中包含了 Android 工程中几乎所有资源。

图 2-35　资源文件夹

这里重点说一下 values——全局数据文件夹。在 values 中有一个 strings. xml 文件,称为值文件。双击 strings. xml 图标,得到如图 2-36 所示的值文件。

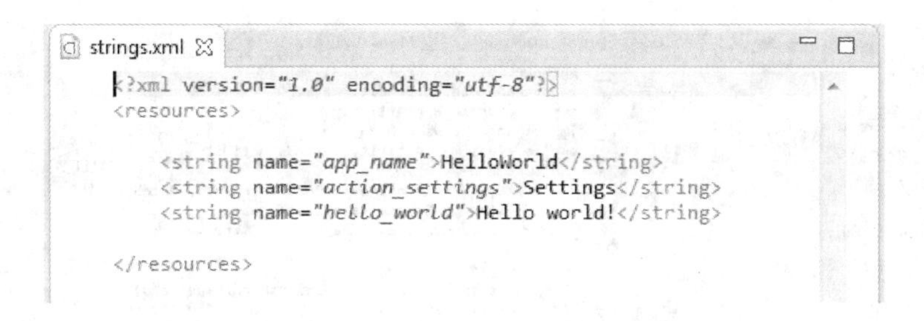
```
<?xml version="1.0" encoding="utf-8"?>
<resources>

    <string name="app_name">HelloWorld</string>
    <string name="action_settings">Settings</string>
    <string name="hello_world">Hello world!</string>

</resources>
```

图 2-36　值文件

值文件也是 XML 格式，也遵守 XML 规则。从代码中可以看出，该值文件中包含三个“string”元素。以<string name="app_name">HelloWorld</string>为例进行说明，其中<string></string>为起始和结束标签；name="app_name"的作用是给这个 string 元素命名为 app_name；那么“HelloWorld”是什么呢？HelloWorld 是名为 app_name 的 string 元素的实际值。

前面我们知道新建的 Android 应用运行的效果是在模拟器界面上显示出“Hello world!”，实现代码是在布局文件 activity_main. xml 中第 14 行。

第 14 行代码是属于 TextView（文本框元素）的一个属性赋值。

android:text = "@string/hello_world"

它的含义是给文本框附上文字信息，这里显示的是“Hello world!”。而在代码中却没有直接显示此信息，如果我们直接把本行代码中引号部分换成“Hello world!”，运行模拟器，界面显示的还是“Hello world!”。

那么@string/hello_world 是什么作用呢？@表示 xml 之后的是需要解析的内容而非显示的内容，可以想象成微信要@谁。这里是要@一个名为 hello_world 的 string 元素，而名为 hello_world 的 string 元素实际值是“Hello world!”，从而在界面上显示的就是“Hello world!”了。

直接在 android:text=“”属性中添加想要显示的字符串就可以了，为什么要使用引用这么麻烦的办法呢？其实在大型的 Android 应用开发中，一个字符串的使用，比如说 app_name（也就是应用名称），在程序中出现了一百次，假如要修改应用名称，如果使用引用的话，只要在 string 文件中把 app_name 的值进行修改即可完成。如果没有使用引用，其工作量可想而知。

3. MainActivity. java 文件

在包浏览器中，首先看到的是 src 文件夹，该文件夹里存放的是程序的源代码，可以说是 Android 工程中最重要的部分。双击 MainActivity. java 图标，此时在代码编辑窗口出现一个新的标签，如图 2-37 所示。

下面我们详细说明 MainActivity. java 文件中各行代码的含义。

从图 2-37 中看到，去掉其中的空行、导入声明和括号，真的代码也就几行。下面分析这些代码是如何控制模拟器显示出如图 2-31 所示的运行效果的。

首先，看文件后缀可以知道此文件为 Java 文件。所以代码要符合 Java 语法规则，这里不再赘述。

第 1 行，声明该类属于 cptc. dxx. hellocptc 包。

第 2～4 行，声明导入的类，分别导入 android. os. Bundle、android. app. Activity 和 android. view. Menu 类。Activity 类是所有的 Android 应用都要继承的一个类，也可以称作一个

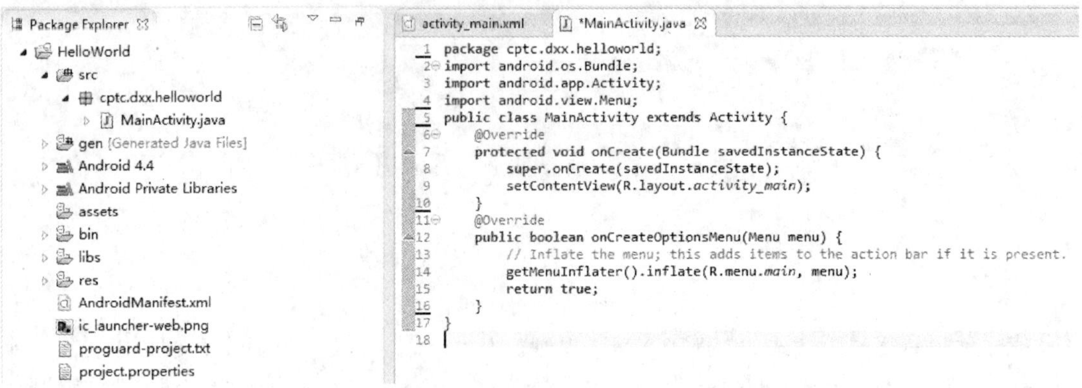

Package Explorer
HelloWorld
src
cptc.dxx.helloworld
MainActivity.java
gen [Generated Java Files]
Android 4.4
Android Private Libraries
assets
bin
libs
res
AndroidManifest.xml
ic_launcher-web.png
proguard-project.txt
project.properties

activity_main.xml　*MainActivity.java

```java
1  package cptc.dxx.helloworld;
2  import android.os.Bundle;
3  import android.app.Activity;
4  import android.view.Menu;
5  public class MainActivity extends Activity {
6      @Override
7      protected void onCreate(Bundle savedInstanceState) {
8          super.onCreate(savedInstanceState);
9          setContentView(R.layout.activity_main);
10     }
11     @Override
12     public boolean onCreateOptionsMenu(Menu menu) {
13         // Inflate the menu; this adds items to the action bar if it is present.
14         getMenuInflater().inflate(R.menu.main, menu);
15         return true;
16     }
17 }
18
```

图 2-37　MainActivity 文件

活动，从某种意义上说，Android 所有应用都是活动。Bundle 类是捆绑的意思，用来保存一些重要的数据。Menu 类是菜单接口，用来管理各种菜单项，可以通过它添加菜单项或响应菜单项单击事件。这些内容会在后面章节详细介绍。

第 5 行，声明公共类 MainActivity 继承自 Activity 类。这里提醒大家注意花括号的配对范围。

第 6、11 行，“@Override”是 Eclipse 自动添加的一个标志，说明下面的方法是从父类继承过来的，需要重写一次。

第 7 行，onCreate()是继承自 Activity 的方法，是 Activity 的生命周期之一，也是 Activity 开始的入口。有关 Activity 生命周期，后面的章节会详细介绍。

第 8 行，调用父类的 onCreate()方法，用来创建 Activity。

第 9 行，设置 Android 应用界面布局，也就是将界面与资源文件中的 activity_main. xml 绑定。使用 setContentView()方法实现，其参数 R. layout. activity_main 就是指从 R 文件夹中的 layout 文件夹下引用 activity_main 文件。

第 12～16 行，是创建一个默认菜单，是新版本的 SDK 中增加的功能。也就是在新建的 Android 应用中增加默认菜单。

4. R. java

在包浏览器中，src 文件夹下面为 gen 文件夹，gen 文件夹是比较特殊的一个文件夹，它包含一个 R. java 文件。R 文件是创建 Android 工程时自动生成的，它用来定义 Android 工程中所有资源的索引，在源文件 MainActivity. java 中可以直接访问各种资源。从图 2-38 中可以看到，包含的资源有 drawable(图片)、id(身份标识)、layout(布局)、menu(菜单)、string(字符串)等。

双击 R. java 图标，此时在代码编辑窗口出现一个新的标签，如图 2-38 所示。

代码部分和 R. java 是一一对应的关系，此部分代码都是系统自动生成的，切记不要在此进行任何的修改。

上面我们提到了布局文件通过@符号和值文件链接起来，而布局文件是通过源代码中的 setContentView()方法绑定在一起的。其中，R. layout. xx 就起到了类似于@的作用。该参数的含义就是：通过 R 文件找到 layout 文件中的 xx 布局文件。

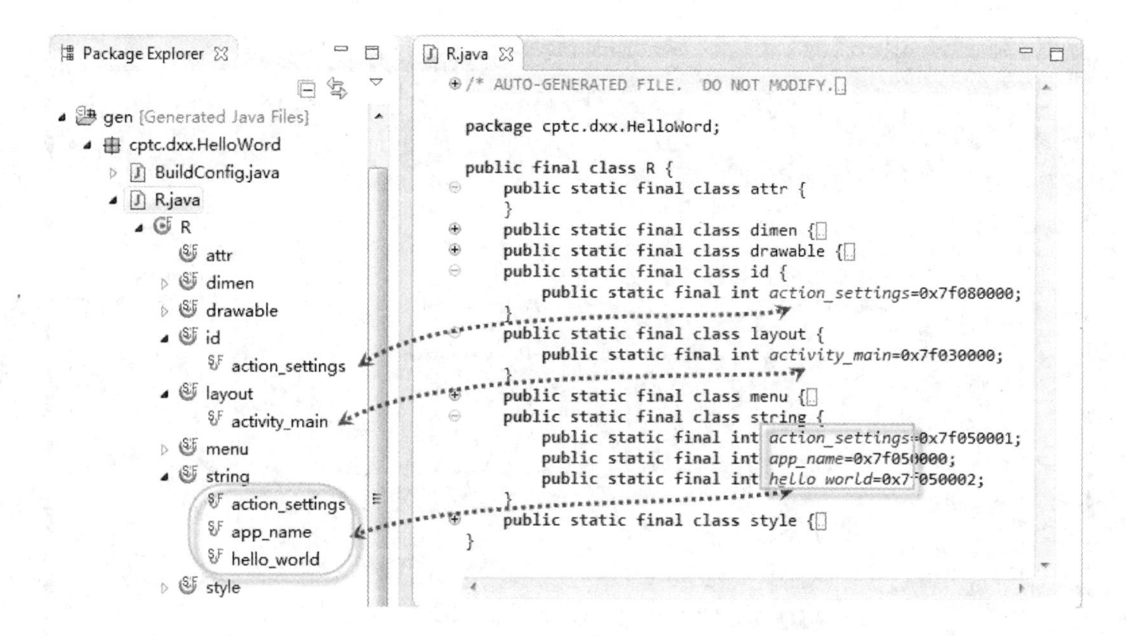

图 2-38　R 文件

2.4.4　Android 工程的调试

前面章节介绍了如何新建 Android 工程，本节主要介绍如何对新建的 Android 工程进行调试。Android 工程的调试工具有很多种，例如 Android 调试桥(Android Debug Bridge)、Dalvik 虚拟机调试监控服务(Dalvik Debug Monitor Service，DDMS)以及数据库查看工具 sqlite3。

1. 认识 DDMS

DDMS 是一组使用工具的有机结合，开发者可以通过此工具监视模拟器甚至真实移动设备。它包括的工具有：任务管理器(TaskManager)、文件浏览器(FileExplorer)、模拟器控制台(Emulator console)以及日志控制台(Logging console)。

2. 日志控制台

DDMS 提供了很多种调试方法，这里重点介绍日志控制台(Logging console)方法。日志是开发人员在调试程序时必不可少的一个工具，可以通过它查看程序的信息，出现异常的情况，以及错误发生的具体代码段等。

在 Eclipse 中提供一个名为“LogCat”的插件，如图 2-39 所示，根据图 2-39 中的步骤运行程序，选择级别，查看 Log 信息。

LogCat 提供五种级别的查询：

V：verbose，详细信息，显示全部信息；

D：Debug，调试过滤器，只输出 D、I、W、E 四种信息；

I：information，信息过滤器，只输出 I、W、E 三种信息；

W：Warning，警告过滤器，只输出 W、E 两种信息；

E：Error，错误过滤器，只输出 E 一种信息。

它们之间的关系好比秘密、机密、绝密的关系，相对应身份的人才能知道相对应登记的信息。例如，Debug 信息只在开发时可见，用户使用时是看不到该信息的。

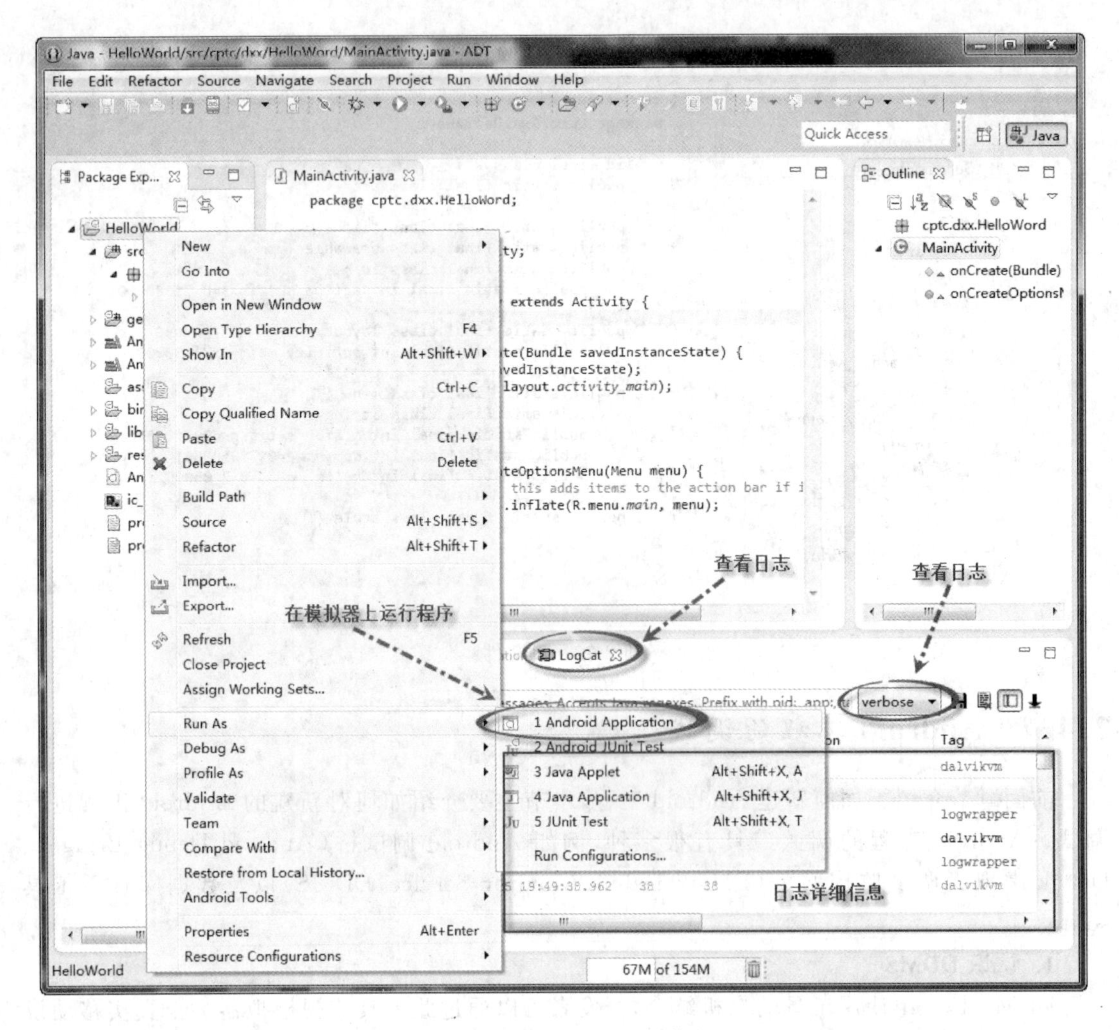

图 2-39　查看 logcat 日志信息

为了区分它们之间的区别，每种打印登记的颜色不同。从 V 到 E 分别是黑、蓝、绿、橙、红。

为了更好地帮助调试，可以在代码中添加语句使一些内容在日志中输出，例如，对 MainActivity.java 进行如下修改（黑体部分）：

```
------------------ 省略导包部分代码 ------------------------------
public class MainActivity extends Activity {
   public static final String TAG = "MY_DEBUG";
   @Override
   protected void onCreate(Bundle savedInstanceState) {
       super.onCreate(savedInstanceState);
       setContentView(R.layout.activity_main);
       Log.v(TAG, "输出详细信息");
       Log.d(TAG, "输出调试信息");
       Log.i(TAG, "输出一般信息");
       Log.w(TAG, "输出警告信息");
```

```
        Log.e(TAG,"输出错误信息");
    }
    @Override
    public boolean onCreateOptionsMenu(Menu menu) {
        // Inflate the menu; this adds items to the action bar if it is present.
        getMenuInflater().inflate(R.menu.main, menu);
        return true;
    }
}
```

再次运行工程，如图 2-40 所示日志信息中多了一条信息。让我们来观察一下关键代码 Log.v(TAG,"输出详细信息")，本行代码的意思是使用 Log 工具来打印日志，等级为 V 也就是 Verbose 级。其中有两个参数，第一个参数意义为 TAG——标签，第二个参数是希望输出的信息。

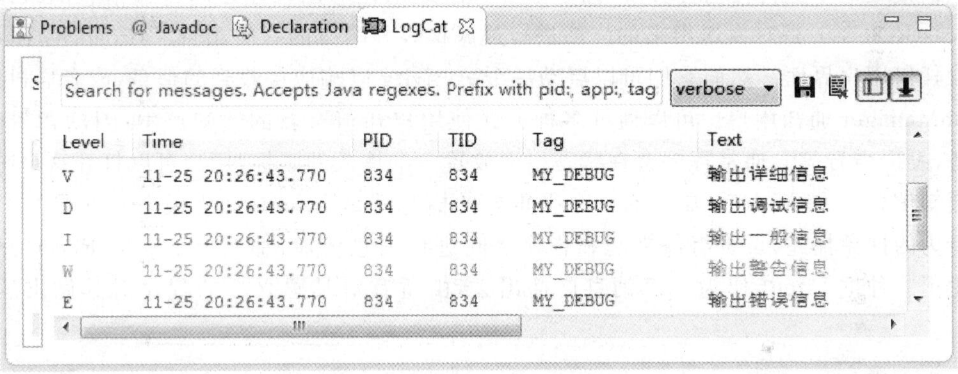

Problems　@ Javadoc　Declaration　LogCat

Search for messages. Accepts Java regexes. Prefix with pid:, app:, tag　verbose

Level	Time	PID	TID	Tag	Text
V	11-25 20:26:43.770	834	834	MY_DEBUG	输出详细信息
D	11-25 20:26:43.770	834	834	MY_DEBUG	输出调试信息
I	11-25 20:26:43.770	834	834	MY_DEBUG	输出一般信息
W	11-25 20:26:43.770	834	834	MY_DEBUG	输出警告信息
E	11-25 20:26:43.770	834	834	MY_DEBUG	输出错误信息

图 2-40　查看 logcat 日志信息

2.5　Android 基本组件介绍

Android 组件是 Android 应用程序的核心，本节就来介绍 Android 四大组件的基本概念

2.5.1　Activity(活动窗口)

从字面上理解，Activity 是活动的意思。一个 Activity 通常展现为一个可视化的用户界面，是 Android 程序与用户交互的窗口，也是 Android 组件中最基本、最复杂的一个组件。从视觉效果来看，一个 Activity 占据当前的窗口，响应所有窗口事件，具备控件、菜单等界面元素。从内部逻辑来看，Activity 为了保持各个界面状态，需要做很多持久化的事情，还需要妥善管理生命周期，和一些转跳逻辑。对于开发者而言，需要派生一个 Activity 的子类，进而进行编码实现各种功能方法。

Activity 窗口显示的可视内容是由一系列视图构成的，这些视图均继承自 View 基类。每个视图均控制着窗口中一块特定矩形空间，父级视图包含并组织其子视图的布局，而底层视图则在它们控制的矩形中进行绘制，并对用户操作做出响应，所以 Activity 是与用户进行交互的界面。

2.5.2 Service(服务)

服务是运行在后台的一个组件，从某种意义上说，服务就像一个没有界面的 Activity。它们在很多 Android 的概念方面比较接近，封装有一个完整的功能逻辑实现，接受上层指令，完成相关的事件，定义好需要接受的 Intent 提供同步和异步的接口。Android 中的服务其实与 Windows 中的服务类似，它执行长时间运行的操作或进程执行工作。服务不提供用户界面，例如在后台下载东西、播放音乐，在你播放音乐的同时还可以干其他事情，而不会阻塞用于与其他活动的交互。

2.5.3 BroadcastReceiver(广播接收器)

广播接收器不执行任何任务，广播是一种广泛运用在应用程序之间传输信息的机制。而 BroadcastReceiver 是对发送出来的广播进行过滤接收并响应的一类组件。BroadcastReceiver 不包含任何用户界面。然而它们可以启动一个 Activity 以响应接收到的信息，或者通过 NotificationManager 通知用户。可以通过多种方式使用户知道有新的通知产生：闪动背景灯、振动设备、发出声音等。通常程序会在状态栏上放置一个持久的图标，用户可以打开这个图标并读取通知信息。在 Android 中还有一个很重要的概念就是 Intent，如果说 Intent 是一个对动作和行为的抽象描述，负责组件之间和程序之间进行消息传递，那么 BroadcastReceiver 组件就提供了一种把 Intent 作为一个消息广播出去，由所有对其感兴趣的程序对其做出反应的机制。

2.5.4 ContentProvider(数据共享)

ContentProvider 即内容提供者，作为应用程序之间唯一的共享数据的途径，其主要的功能就是存储并检索数据以及向其他应用程序提供访问数据的接口。Android 有一个独特之处就是，在 Android 中，每个应用程序都使用自己的用户 ID 并在自己的进程中运行。这样的好处是，可以有效地保护系统及应用程序，避免被其他不正常应用程序所影响，每个进程都拥有独立的进程地址空间和虚拟空间。Android 的数据都是属于应用程序自身，其他的应用是不能访问到的，更无法直接进行操作。所以如果想实现不同应用之间的数据共享，就必须使用 ContentProvider。为了使其他程序能够操作数据，在 Android 中，可以通过做成 ContentProvider 提供数据操作的接口。其实对应用而言，也可以将底层数据封装成 ContentProvider，这样可以有效地屏蔽底层操作的细节，并且使程序保持良好的扩展性和开放性。Android 提供了一些主要数据类型的 ContentProvider，比如音频、视频、图片和私人通讯录等。可以在 android. provider 包下面找到一些 Android 提供的 ContentProvider。可以获得这些 ContentProvider，查询它们包含的数据，当然前提是已获得适当的读取权限。如果我们想公开自己应用程序的数据，可以创建自己的 ContentProvider。

本章小结

本章主要介绍了 Android 的发展及在 Windows 环境下 Android 开发环境的搭建和配置方法，包括 JDK 的安装和配置、Eclipse 的下载、SDK 的下载和安装等，同时还介绍了 Android 应用程序的构成以及 Android 的调试方法，最后介绍了 Android 组件的基本概念。

练习题

2-1 简述 Android 平台特性，并与其他平台比较。

2-2 请简述 Android 平台系统架构。

2-3 请搭建 Android 开发环境。

2-4 简述 Android 的四大组件。

第3章　Android 用户界面开发

【内容简介】

对于 Android 应用开发最基本的就是用户界面(Graphics User Interface,GUI)的开发，若开发的应用具备一个好的界面，将会很容易吸引最终用户。本章主要通过各种应用界面的实例介绍，讲解常用的各种布局以及 UI 控件等。

【重点难点】

Android 基本控件的熟练使用。

3.1　Android 的 UI 界面

用户界面(UI)设计是 Android 应用开发中最基本，也是最重要的内容。在设计用户界面时，首先要了解界面中的 UI 元素如何呈现给用户，也就是如何控制 UI 界面。本章将详细介绍用户界面设计中常用的界面布局和控件。

3.1.1　Android UI 界面概述

在 Android 中，所有的 UI 界面都是由 View 类和 ViewGroup 类及其子类组合而成的。其中 View 类是所有 UI 控件的基类，它是 Android 平台中用户界面体现的基础单位，它提供了诸如文本输入框和按钮之类的 UI 对象的完整实现；而 ViewGroup 类是容纳这些 UI 控件的容器，它提供了像相对布局、线性布局、帧布局之类的布局架构，而且 ViewGroup 类本身也包含 View 类的子类。在 ViewGroup 类中，除了可以包含普通的 View 类外，还可以再次包含 ViewGroup 类。View 类和 ViewGroup 类的层次结构如图 3-1 所示。

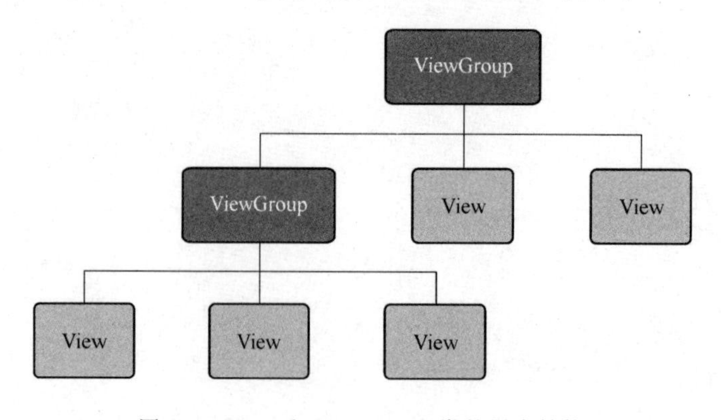

图 3-1　View 和 ViewGroup 类的层次结构

3.1.2　Android UI 界面控制方法

在 Android 中，提供了 4 种控制 UI 界面的方法，分别是：使用 XML 布局文件控制、在 Java 主 Activity 文件中控制、使用 XML 和 Java 代码混合控制以及开发自定义的 View 类。

本书在下面章节介绍 Android 控件时，会根据 Android 控件特点穿插讲解上面几种 UI 控制方法。

3.2　基本控件

3.2.1　文本框——TextView

TextView 是 Android 中最简单也是最重要的一个控件，它代表一个文本框控件。其用处是向用户简单地显示一些字符串。

实例 3-1　新建一个 Android 项目 Hello_TextView

打开 res/layout 下面的 activity_main.xml 文件，切换到代码模式。如图 3-2 所示。

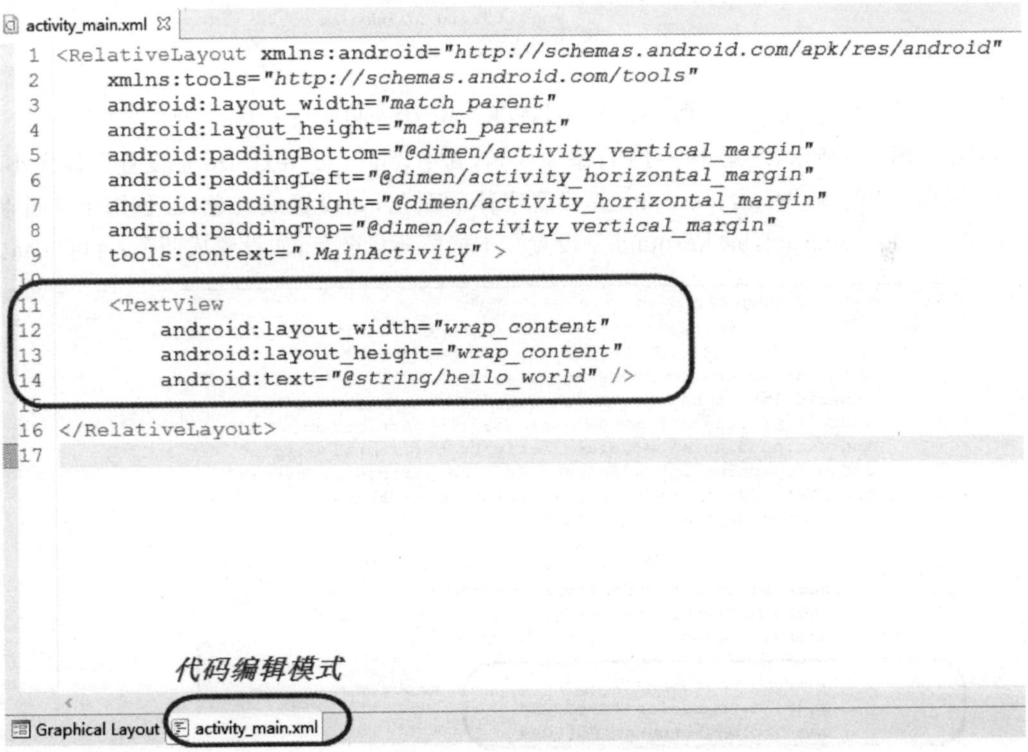

activity_main.xml

```
1  <RelativeLayout xmlns:android="http://schemas.android.com/apk/res/android"
2      xmlns:tools="http://schemas.android.com/tools"
3      android:layout_width="match_parent"
4      android:layout_height="match_parent"
5      android:paddingBottom="@dimen/activity_vertical_margin"
6      android:paddingLeft="@dimen/activity_horizontal_margin"
7      android:paddingRight="@dimen/activity_horizontal_margin"
8      android:paddingTop="@dimen/activity_vertical_margin"
9      tools:context=".MainActivity" >
10
11     <TextView
12         android:layout_width="wrap_content"
13         android:layout_height="wrap_content"
14         android:text="@string/hello_world" />
15
16 </RelativeLayout>
17
```

代码编辑模式

Graphical Layout　activity_main.xml

图 3-2　TextView 代码编辑模式

下面看一下 TextView 有哪些属性。

第 12 行，android:layout_width 是 TextView 的宽度，设置为"Wrap_content"，是指包裹内容。

第 13 行,android:layout_height 是 TextView 的高度。

高度和宽度的属性还有另外两个赋值“fill_parent”和“match_parent”,都是与其父类匹配的含义,目前高版本常用“match_parent”。

从 Android 2.2 开始,match_parent 和 fill_parent 是一个意思,两个参数意思一样,match_parent 更贴切,两者都可以用。如果考虑低版本的使用情况就需要用 fill_parent 了。

第 14 行,android:text 是 TextView 的显示内容属性,这里@的作用前面已经讲过,不再赘述。

接下来介绍 TextView 的其他属性,在布局文件 activity_main.xml 中,将鼠标定位到第 12 行开头,回车重起一行,输入“android:”然后使用快捷键“Alt+\”,可以发现 Eclipse 自动出现提示信息,这些都是 TextView 的属性,如图 3-3 所示。

图 3-3　XML 代码输入时的提示信息

按照如图 3-4 所示,在第 16～18 行添加代码,其中,android:textSize 是设置字体大小,如可以设置成 20dp。android:textColor 是设置字体的颜色,如设置成红色,红色用十六进制数表示:#aa0000。android:background 是设置文本框的背景颜色,如设置成蓝色:#0000aa。

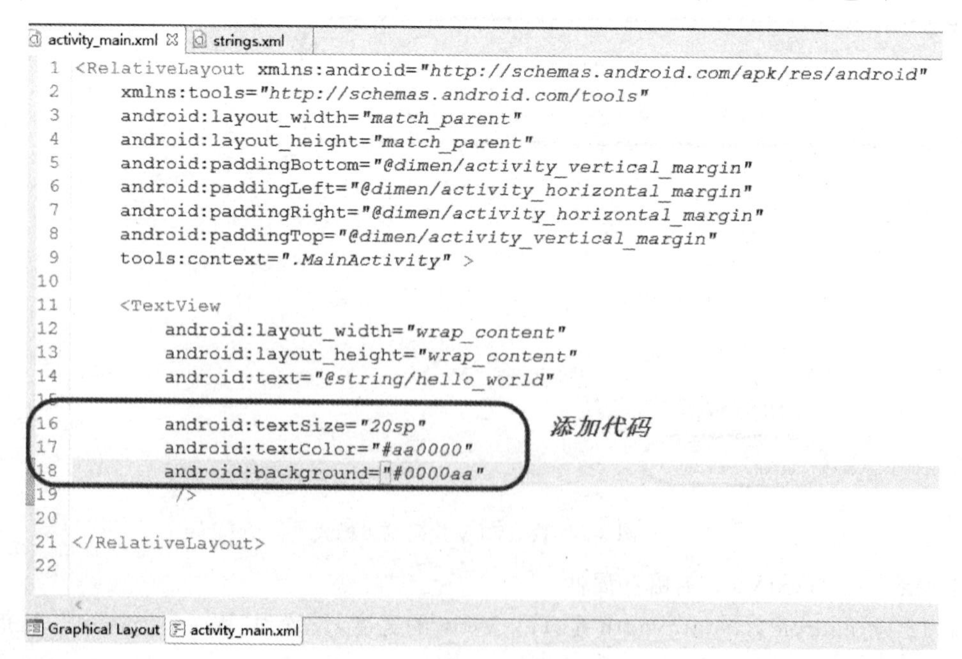

图 3-4　修改 TextView 属性

修改 res/values/Strings 中 HelloWorld(String)的 Value 值，如图 3-5 所示。

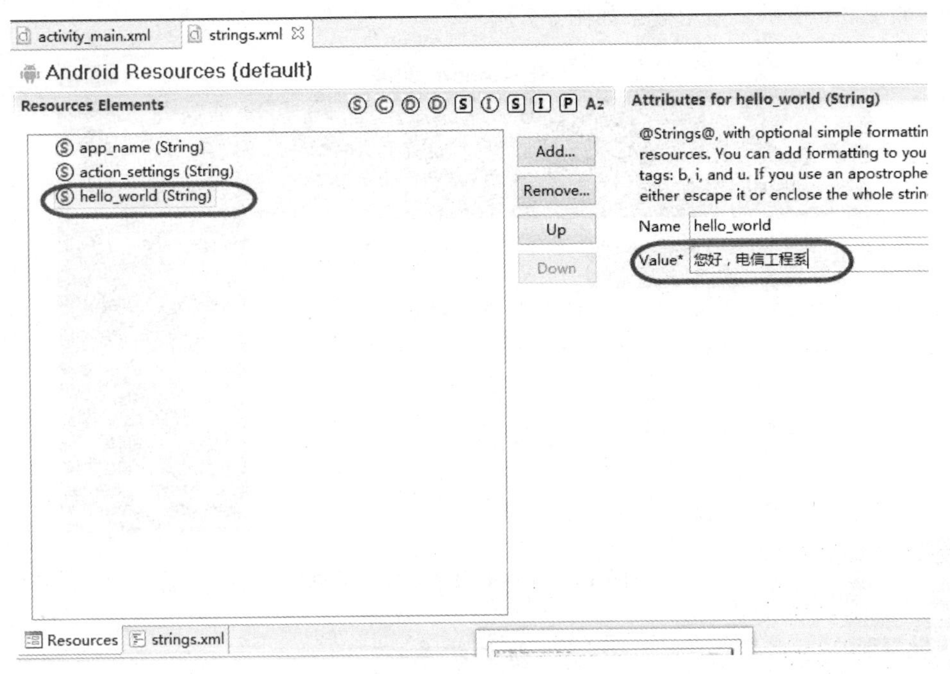

图 3-5　修改 String 值

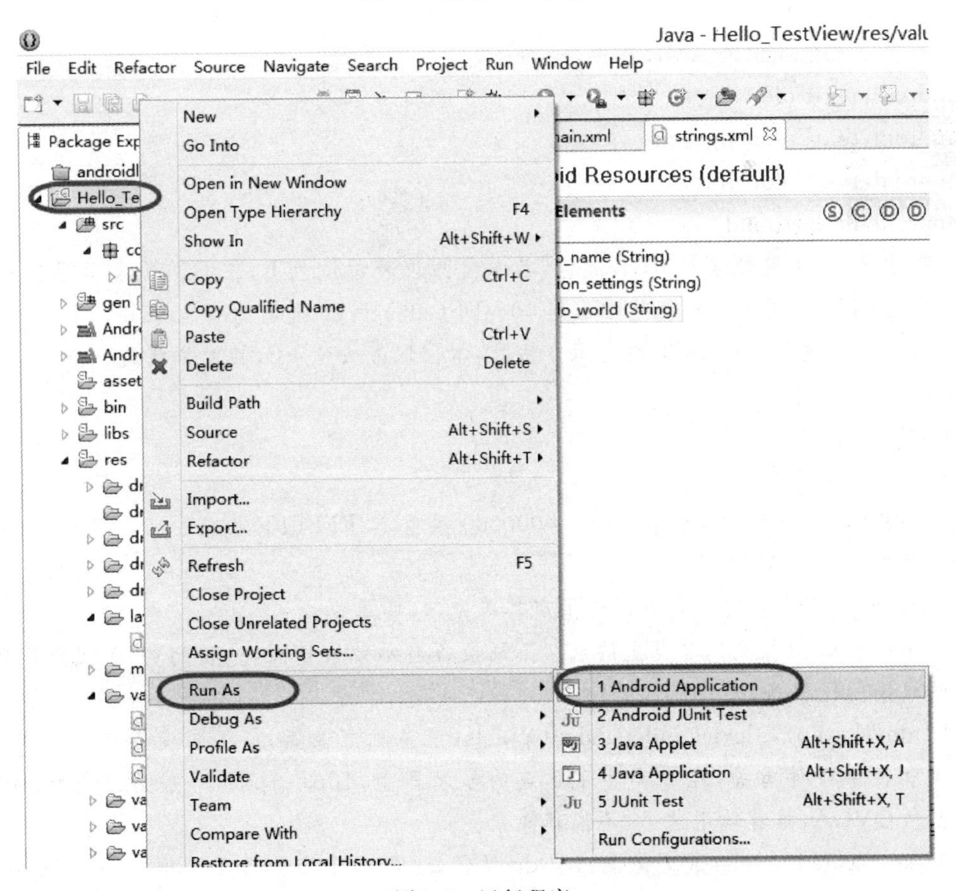

图 3-6　运行程序

右击项目文件夹 Hello_TextView，选择 Run As/Android Application，将程序在模拟器上运行，如图 3-6 所示。显示效果如图 3-7 所示。

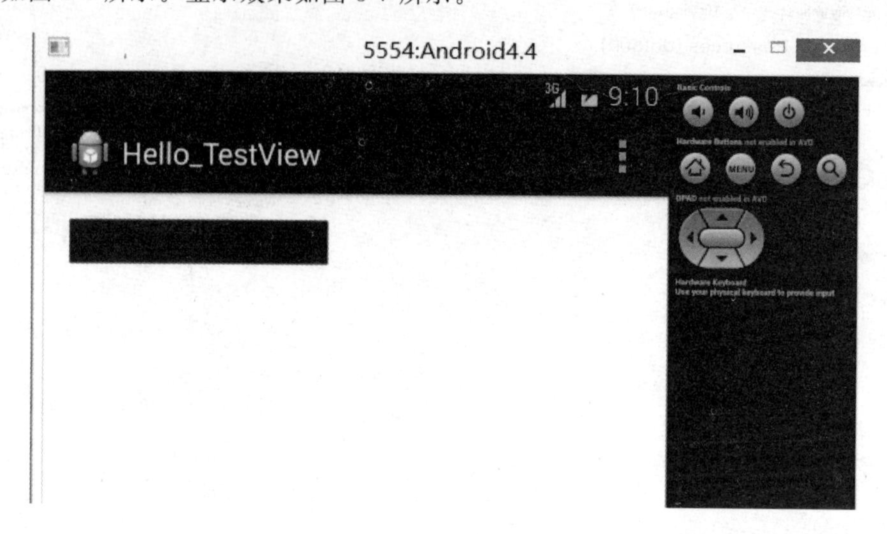

图 3-7　文本框设置运行效果图

知识扩展

1. 颜色赋值

对于涉及颜色赋值的 XML 属性，例如：

android:textColor

android:textColorHighlight

android:textColorHint

android:background

使用 6 位 16 进制数表示 RGB 颜色，其中前两位表示红色 R，中间两位表示绿色 G，最后两位表示蓝色 B，每两位的取值范围都是 00～FF(相当于 10 进制的 0～255)

红、绿、蓝三种颜色的 16 进制表示方法是：本位取最大值 FF，其他位取最小值 00，即：

#FF0000 红色

#00FF00 绿色

#0000FF 蓝色

另外两个比较特殊的颜色表示为：#000000 黑色，#FFFFFF 白色。

2. 单位

在 Android 中设置文字大小需要指定其单位，这些单位如下。

(1) px: pixels(像素)，屏幕上的点。不同设备显示效果相同，一般 HVGA 代表 320×480 像素，这个用的比较多。

(2) dp(即:dip): device independent pixels(设备独立像素)。不同设备有不同的显示效果，这个和设备硬件有关，在每英寸 160 点的显示器上，1dp=1px。一般为了支持 WVGA、HVGA 和 QVGA，推荐使用这个，不依赖像素。

(3) sp: scaled pixels(放大像素)，与 dp 类似，主要用于字体显示。根据 Google 的建议，TextView 的字号最好使用 sp 做单位。

(4) pt：point，是一个标准的长度单位，1pt=1/72 英寸，用于印刷业，非常简单易用。

(5) in(英寸)：长度单位。

(6) mm(毫米)：长度单位。

3.2.2　可编辑文本框——EditText

前面学习了文本框(TextView)，但是 TexView 只能显示只读文字，不能显示可编辑的文字。一个应用程序如果需要与用户互动，比如登录界面需要获取用户信息，用户需要输入账号、密码，然后单击“确定”按钮，完成登录。在 Android 中，使用的是 EditText 控件来实现可编辑文本的显示。EditText 控件是 TextView 的子类，所以基本上 TextView 的属性同样可以作用于 EditText 上，可以将 EditText 理解为可编辑的 TextView。

EditText 控件可以输入单行文本，也可以输入多行文本，还可以输入指定格式的文本(如密码、电话号码、E-mail 地址等)。

在 Android 中，提供两种方法向屏幕中添加编辑框：一种是通过 XML 布局文件添加 EditText 元素；另一种是在 Java 文件中使用 new 关键字创建。这里推荐使用第一种方法。下面通过实例来介绍 EditText 的使用。

实例 3-2　创建一个 Android 工程 Hello_EditText，实现用户注册信息界面

将布局文件中的布局管理器改成垂直线性布局，方法是右击 OutLine 中的 RelativeLayOut，选择 Change LayOut，在弹出窗口中选择 LinearLayOut(Vertical)，如图 3-8 所示。

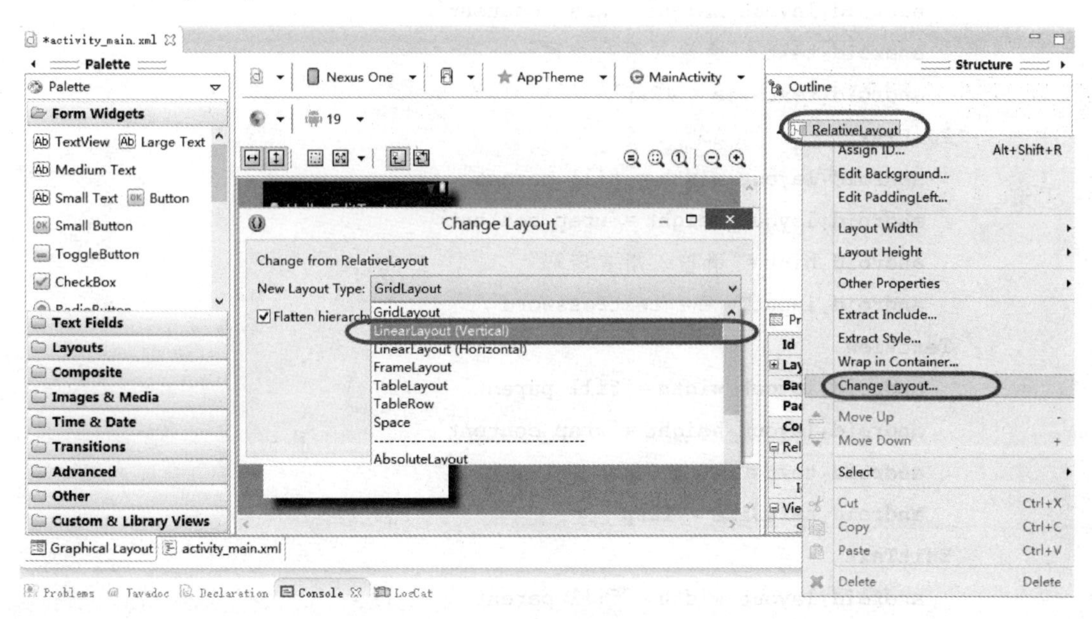

图 3-8　切换界面布局

切换到代码模式，修改代码，其中黑体部分是需要添加的代码。

```
<LinearLayout xmlns:android = "http://schemas.android.com/apk/res/android"
    xmlns:tools = "http://schemas.android.com/tools"
    android:id = "@ + id/LinearLayout1"
    android:layout_width = "match_parent"
    android:layout_height = "match_parent"
```

```
android:orientation = "vertical"
android:paddingBottom = "@dimen/activity_vertical_margin"
android:paddingLeft = "@dimen/activity_horizontal_margin"
android:paddingRight = "@dimen/activity_horizontal_margin"
android:paddingTop = "@dimen/activity_vertical_margin"
tools:context = ".MainActivity" >
<TextView
    android:layout_width = "fill_parent"
    android:layout_height = "wrap_content"
    android:text = "请输入用户名"
    android:textSize = "12sp"/>
<EditText
    android:layout_width = "fill_parent"
    android:layout_height = "wrap_content"
    android:hint = "请输入用户名"
    android:inputType = "text"/>
<TextView
    android:layout_width = "fill_parent"
    android:layout_height = "wrap_content"
    android:text = "请输入用户密码"
    android:textSize = "12sp"/>
<EditText
    android:layout_width = "fill_parent"
    android:layout_height = "wrap_content"
    android:hint = "请输入用户密码"
    android:inputType = "textPassword"/>
<TextView
    android:layout_width = "fill_parent"
    android:layout_height = "wrap_content"
    android:text = "请输入出生日期"
    android:textSize = "12sp"/>
<EditText
    android:layout_width = "fill_parent"
    android:layout_height = "wrap_content"
    android:hint = "请输入出生日期"
    android:inputType = "date" />
<TextView
    android:layout_width = "fill_parent"
    android:layout_height = "wrap_content"
    android:text = "请输入手机号"
```

```
        android:textSize="12sp"/>
    <EditText
        android:layout_width="fill_parent"
        android:layout_height="wrap_content"
        android:hint="请输入手机号"
        android:maxLines="11"
        android:inputType="phone"
        android:drawableLeft="@drawable/ic_launcher"/>
</LinearLayout>
```

在图形化界面看其显示效果如图 3-9 所示。

图 3-9　编辑文本框运行效果

3.2.3　按钮——Button

Android 中提供了两种按钮控件，普通按钮和图片按钮。这两种按钮都是实现在界面上生成一个可以单击操作的控件。例如在上一节中，我们设计了一个注册信息，但是当用户填写好信息后，需要提供一个按钮让用户保存和提交注册信息。也就是说，按钮是要实现某一事件的，如果按钮不实现具体功能，那就没有意义了。

实例 3-3　新建一个 Android 工程 Hello_Button，练习按钮 Button 的使用

1. 界面设计

打开 res/layout 下面的 activity_main.xml 文件，将布局方式改为垂直线性布局。在布局文件中添加两个按钮控件，在 XML 文件中修改 Button 控件的属性，**加深**部分是需要添加的代码。具体代码如下：

```
<LinearLayout xmlns:android="http://schemas.android.com/apk/res/android"
    xmlns:tools="http://schemas.android.com/tools"
```

```
    android:id = "@ + id/LinearLayout1"
    android:layout_width = "match_parent"
    android:layout_height = "match_parent"
    android:orientation = "vertical"
    android:paddingBottom = "@dimen/activity_vertical_margin"
    android:paddingLeft = "@dimen/activity_horizontal_margin"
    android:paddingRight = "@dimen/activity_horizontal_margin"
    android:paddingTop = "@dimen/activity_vertical_margin"
    tools:context = ".MainActivity" >
    <Button
        android:id = "@ + id/Bt1"
        android:layout_width = "wrap_content"
        android:layout_height = "wrap_content"
        android:text = "您的班级" />
    <Button
        android:id = "@ + id/Bt2"
        android:layout_width = "wrap_content"
        android:layout_height = "wrap_content"
        android:text = "您的姓名" />
</LinearLayout>
```

2. 程序设计

为两个按钮设置监听事件。

(1) 添加成员变量。在 MainActivity.java 源文件中添加两个成员变量,代码如下:

```
private Button button1;
private Button button2;
```

添加代码后,发现会有红色错误提示信息,如图 3-10 所示。这时将鼠标移至红色标志处,会有"Button 无法解析类型"提示信息。此时选择列表中第一行导入"Button"(android.widget),此时错误信息自动消失。以后会经常遇到此类问题,还有一种自动导入包的方法,就是使用"Ctrl+Shift+O"快捷键方式自动导入。

(2) 引用组件。添加了成员变量后,通过以下方法引用生成的控件:

```
button1 = (Button)findViewById(R.id.Bt1);
button2 = (Button)findViewById(R.id.Bt2);
```

(3) 添加事件处理

Android 应用属于典型的事件驱动类型。事件驱动型应用启动后,即开始等待行为事件的发生,如用户单击某个按钮。应用等待某个特定事件的发生,也可以说是正在"监听"特定的事件。为响应某个事件而创建的对象叫监听器(listener)。监听器是实现特定监听接口的对象,用来监听某类事件的发生。

Android 提供了多种监听器接口,当前应用需要监听用户的按钮"单击"事件,因此监听器需要实现 View.OnClickListener 接口。下面为其设置单击监听事件,代码如下:

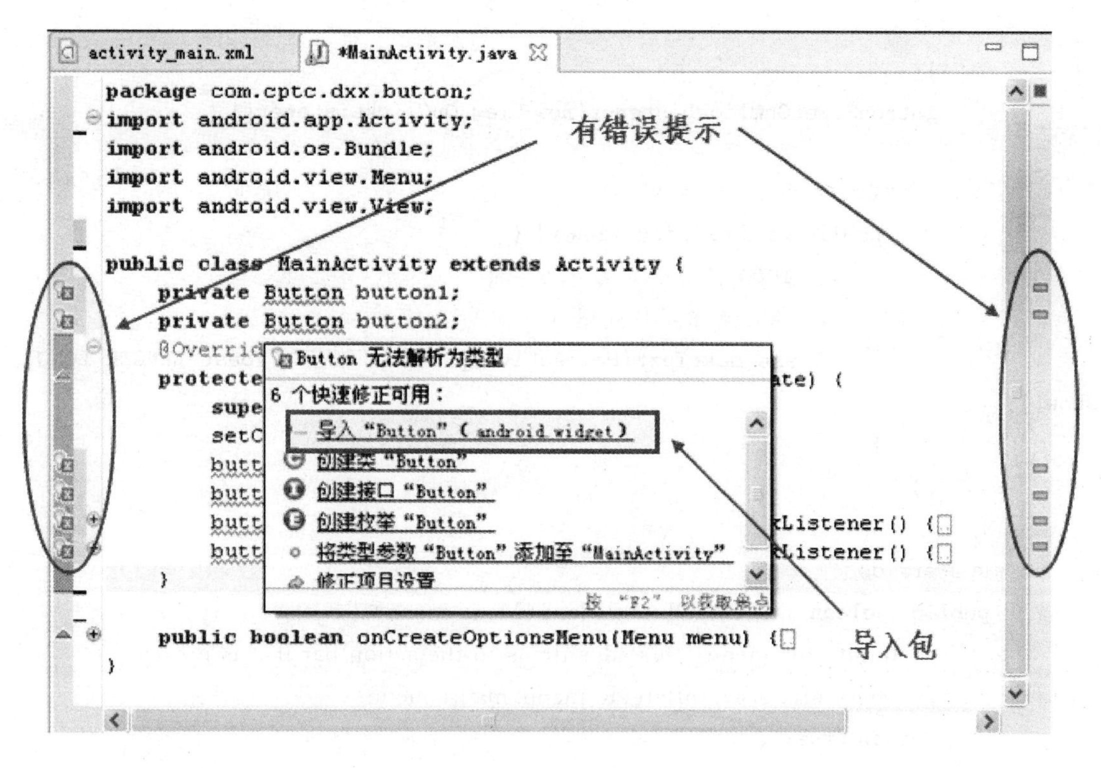

图 3-10　导入包方法

```
------------------省略导包部分代码-------------------------
public class MainActivity extends Activity {
  //(1) 定义成员变量
  private Button button1;
  private Button button2;
  @Override
  protected void onCreate(Bundle savedInstanceState) {
      super.onCreate(savedInstanceState);
      setContentView(R.layout.activity_main);
      //(2) 引用组件
      button1 = (Button)findViewById(R.id.Bt1);
      button2 = (Button)findViewById(R.id.Bt2);
        //(3) 设置监听器
        button1.setOnClickListener(new View.OnClickListener() {

            @Override
            public void onClick(View v) {
                // TODO 自动生成的方法存根
                // 添加点击事件处理
                Toast.makeText(MainActivity.this, "电 1234-56 班", Toast.LENGTH
_LONG).show();
```

```
            }
        });
        button2.setOnClickListener(new View.OnClickListener() {

            @Override
            public void onClick(View v) {
                // TODO 自动生成的方法存根
                // 添加点击事件处理
                Toast.makeText(MainActivity.this, "张三", Toast.LENGTH_LONG).
show();
            }
        });
    }
    @Override
    public boolean onCreateOptionsMenu(Menu menu) {
        // Inflate the menu; this adds items to the action bar if it is present.
        getMenuInflater().inflate(R.menu.main, menu);
        return true;
    }
}
```

【注意】:在输入代码过程中,可以使用代码补充快捷键(Alt+/)。出现提示信息后单击,自动补充完整代码。

3. 运行程序

打开模拟器,运行程序,得到结果如图 3-11 所示。

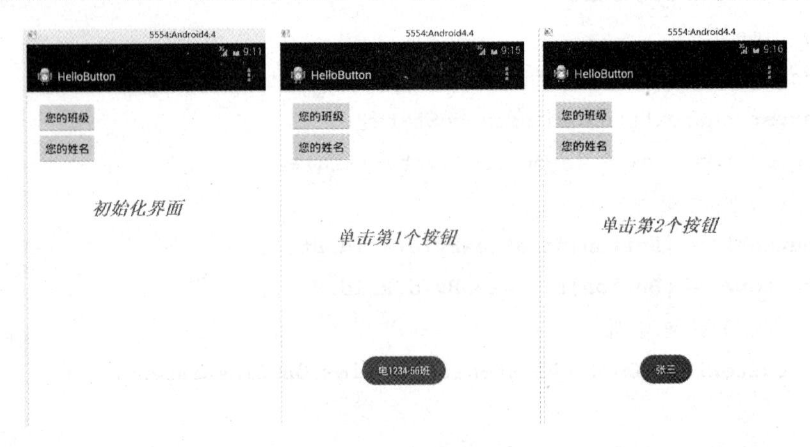

图 3-11　按钮运行效果图

3.2.4　图片按钮——ImageButton

为了使界面美观、更加华丽,Android 提供了另外一种按钮——ImageButton(图片按钮)。当希望按钮以图片形式出现时,可以使用 ImageButton 控件,使界面更美观。

实例 3-4　新建一个 Android 工程 Hello_ImageButton

1. 添加图片资源

图片按钮提供一个属性 android:src，通过此属性可以将图片设置到按钮上面。但首先要将图片资源添加到 res 目录下。前面介绍过，res 目录下的图片资源按照大小分成 drawable-hdpi、drawable-mdpi、drawable-xdpi、drawable-ldpi 等几种。在实际应用中，为不同 dpi 的设备提供定制化的图片非常重要。这样可以避免使用同一套图片时为适应不同设备图片被拉伸后带来的失真感。项目中的所有图片资源都会随应用安装在设备里，Android 操作系统知道如何为不同设备提供最佳匹配。

下面，向项目 Hello_ImageButton 中添加图片资源。在包浏览器中找到 res，复制需要添加的图片，直接粘贴到相应的 drawable-hdpi、drawable-ldpi、drawable-mdpi、drawable-xhdpi 下即可。

向应用里添加图片就是这么简单，任何添加到 res/drawable 目录中，后缀为 png、jpg 或者 gif 的文件都会自动赋予资源 ID(注意:文件名必须是小写字母并且不能有任何空格符号)。

2. 界面设计

如图 3-12 所示，在布局文件中设置图片按钮，为其添加 ID 和图片。

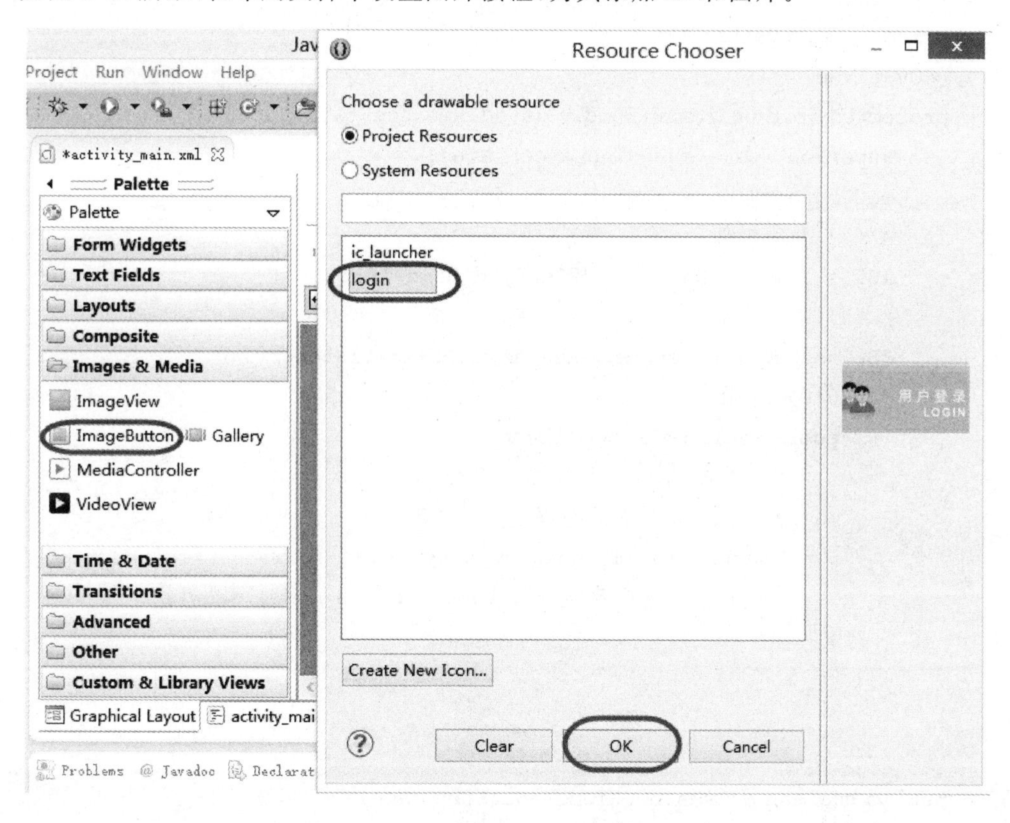

图 3-12　使用 ImageButton 控件

布局代码如下：

```
<RelativeLayout xmlns:android="http://schemas.android.com/apk/res/android"
    xmlns:tools="http://schemas.android.com/tools"
    android:layout_width="match_parent"
    android:layout_height="match_parent"
```

```
    android:paddingBottom = "@dimen/activity_vertical_margin"
    android:paddingLeft = "@dimen/activity_horizontal_margin"
    android:paddingRight = "@dimen/activity_horizontal_margin"
    android:paddingTop = "@dimen/activity_vertical_margin"
    tools:context = ".MainActivity" >
    <ImageButton
        android:id="@+id/IBt1"
        android:layout_width="wrap_content"
        android:layout_height="wrap_content"
        android:src="@drawable/login" />
</RelativeLayout>
```

3. 程序设计

与上节为按钮控件添加单击事件监听一样，为图片按钮添加单击事件监听器，代码如下：

```
------------------- 省略导包部分代码 ---------------------------
public class MainActivity extends Activity {
    //(1) 定义成员变量
    private ImageButton IBt;
    @Override
    protected void onCreate(Bundle savedInstanceState) {
        super.onCreate(savedInstanceState);
        setContentView(R.layout.activity_main);
        //(2) 引用组件
        IBt = (ImageButton)findViewById(R.id.IBt1);
        //(3) 设置监听器
        IBt.setOnClickListener(new View.OnClickListener() {
            @Override
            public void onClick(View v) {
                // TODO 自动生成的方法存根
                // 添加点击事件处理
                Toast.makeText(MainActivity.this,
                "您点击的是图片按钮", Toast.LENGTH_LONG).show();
            }
        });
    }
    @Override
    public boolean onCreateOptionsMenu(Menu menu) {
        // Inflate the menu; this adds items to the action
        //bar if it is present.
        getMenuInflater().inflate(R.menu.main, menu);
        return true;
    }
}
```

4. 运行程序

打开模拟器,运行结果如图 3-13 所示。

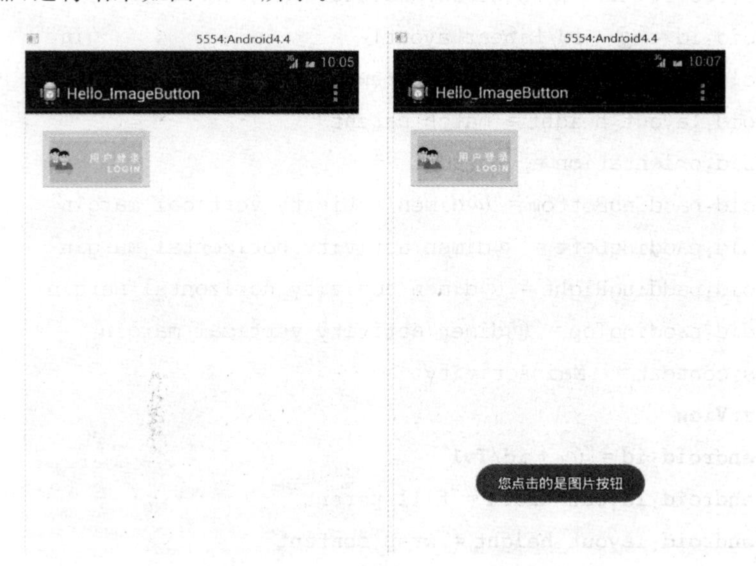

图 3-13　图片按钮运行效果图

实例 3-5　简易乘法计算器

本小节利用前面介绍的控件设计一个简单的乘法计算器应用。主要功能为根据用户输入的乘数和被乘数计算出其乘积,并将结果显示在界面上。界面如图 3-14 所示。

图 3-14　简易乘法计算器界面设计

1. 界面设计

打开 **res/layout** 下面的 **activity_main.xml** 文件,将布局方式改为垂直线性布局。

在布局文件中交替添加两个 **TextView** 和 **EditText** 控件,用于输入乘数和被乘数;再添加一个按钮和一个 **TextView** 控件,用于发送计算指令和显示计算结果。然后在 XML 文件中修改各个控件的属性,黑体部分是需要添加的代码。具体代码如下:

```
<LinearLayout xmlns:android="http://schemas.android.com/apk/res/android"
    xmlns:tools="http://schemas.android.com/tools"
    android:id="@+id/LinearLayout1"
    android:layout_width="match_parent"
    android:layout_height="match_parent"
    android:orientation="vertical"
    android:paddingBottom="@dimen/activity_vertical_margin"
    android:paddingLeft="@dimen/activity_horizontal_margin"
    android:paddingRight="@dimen/activity_horizontal_margin"
    android:paddingTop="@dimen/activity_vertical_margin"
    tools:context=".MainActivity" >
    <TextView
        android:id="@+id/Tv1"
        android:layout_width="fill_parent"
        android:layout_height="wrap_content"
        android:layout_marginTop="10dp"
        android:text="简易乘法计算器"
        android:textSize="20dp" />
    <EditText
        android:id="@+id/Et1"
        android:layout_width="fill_parent"
        android:layout_height="wrap_content"
        android:hint="请输入乘数"
        android:numeric="decimal" />
    <TextView
        android:id="@+id/Tv2"
        android:layout_width="fill_parent"
        android:layout_height="wrap_content"
        android:text="乘以"
        android:textSize="20dp" />
    <EditText
        android:id="@+id/Et2"
        android:layout_width="fill_parent"
        android:layout_height="wrap_content"
        android:hint="请输入被乘数"
        android:numeric="decimal" />
    <Button
        android:id="@+id/Bt1"
        android:layout_width="fill_parent"
        android:layout_height="wrap_content"
```

```
        android:text="计算" />
    <TextView
        android:id="@+id/Tv3"
        android:layout_width="fill_parent"
        android:layout_height="wrap_content"
        android:textSize="20dp" />
</LinearLayout>
```

2. 程序设计

然后在源文件中设置监听事件,并对用户输入的数据进行计算。代码如下:

```
------------------省略导包部分代码----------------------------
public class MainActivity extends Activity {
    //(1) 定义成员变量
    private TextView result;
    private EditText et1;
    private EditText et2;
    private Button btn;
   @Override
   protected void onCreate(Bundle savedInstanceState) {
        super.onCreate(savedInstanceState);
        setContentView(R.layout.activity_main);
        //(2) 引用组件
        result = (TextView)findViewById(R.id.Tv3);
  et1 = (EditText)findViewById(R.id.Et1);
  et2 = (EditText)findViewById(R.id.Et2);
  btn = (Button)findViewById(R.id.Bt1);
  //(3) 设置监听器
  btn.setOnClickListener(new OnClickListener() {
      public void onClick(View arg0) {
          // 事件处理
  int arg1 = Integer.parseInt(et1.getText().toString());
  int arg2 = Integer.parseInt(et2.getText().toString());
          int answer = arg1 * arg2;
          result.setText(String.valueOf(answer));
      }
  });
@Override
public boolean onCreateOptionsMenu(Menu menu) {
      // Inflate the menu; this adds items to the action bar if it is present.
      getMenuInflater().inflate(R.menu.main, menu);
      return true;
```

```
    }
}
```

3. 运行程序

在模拟器中运行程序,效果如图 3-15 所示。

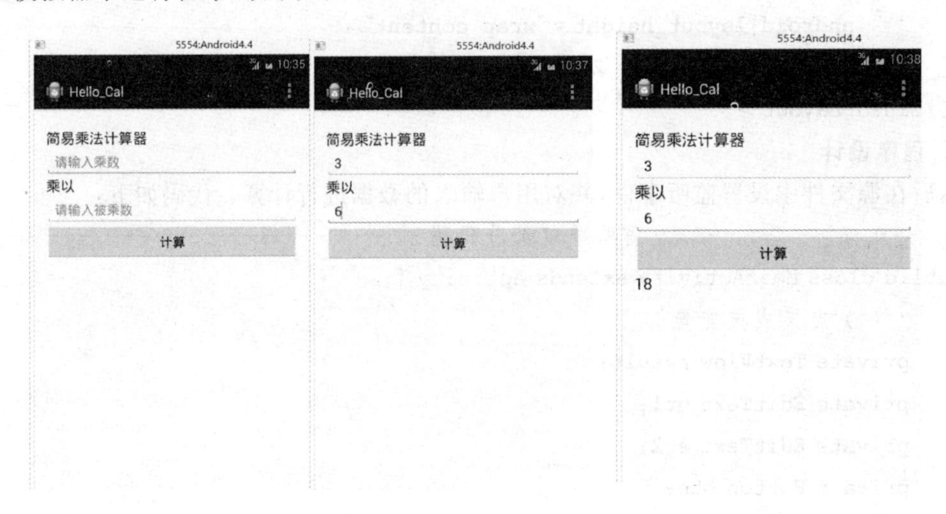

图 3-15　简易乘法计算器运行效果图

3.2.5　单选框——RadioButton

前面已经介绍了使用 EditText 控件和 Button 控件可以实现简单的人机交互操作,理论上使用 EditText 控件可以获得一切我们希望用户提供的信息,而实际中这么做非常不友好,甚至会使用户感到厌烦。在 Android 中提供了选择类控件,使得人机交互变得更友好。本节主要介绍 RadioButton(单选框)和 CheckBox(复选框),它们都是继承自 Button 控件,因此它们可以直接使用 Button 控件支持的各种属性和方法。与 Button 控件不同的是,它们提供了可选中的功能。

在 Android 中,单选按钮(RadioButton)默认显示是一个圆形图标,在使用时要设置说明性文字。一般将多个单选按钮放置在 RadioGroup 中,使每个单选按钮实现特定的功能,当用户选中某个单选按钮后,在 RadioGroup 中的其他单选按钮自动取消选中状态。因此,RadioButton 控件通常和 RadioGroup 控件一起使用,组成一个单选按钮组,在布局文件中,添加 RadioGroup 控件的代码如下:

```
<RadioGroup
    android:id="@+id/Rg1"
    android:layout_width="wrap_content"
    android:layout_height="wrap_content"
    android:orientation="horizontal">
    <!-- 在此添加多个 RadioButton 控件 -->
</RadioGroup>
```

可以看到在布局文件中,<RadioGroup>元素语法规则类似于根元素,可以设置其属性,其中 android:orientation 是设置其内部 RadioButton 的排列方式,有垂直和水平两种。在 RadioGroup 当中可以设置多个 RadioButton 控件,下面通过一个实例来说明其用法。

假设同样是注册用户信息,需要用户填写性别,如果使用之前的控件需要用户输入文字,而用 RadioButton 控件就可以让用户单击进行选择。提供三个选项供用户进行选择。使用单选按钮还有一个需要考虑的,就是所有的选项是互斥的,比如说性别,只能选一种,不能同时选择。

实例 3-6　新建一个 Android 工程 Hello_RadioButton

1. 界面设计

这里使用了一个 RadioGroup,里面有三个 RadioButton,提供用户三个选项,并且使用两个 TextView 控件,一个用于提示用户,一个用于显示用户选择信息。界面显示如图 3-16 所示。

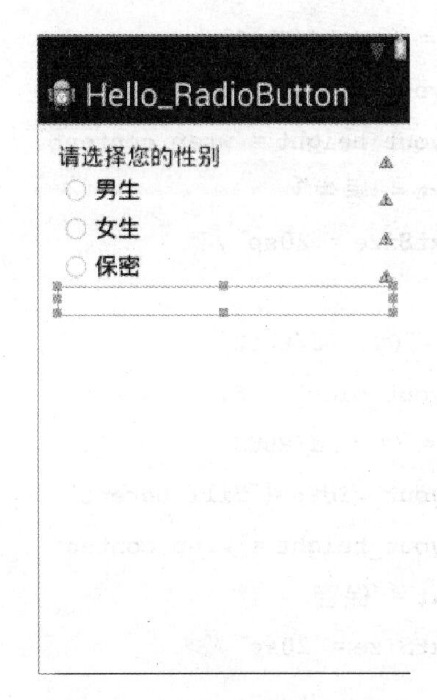

图 3-16　单选框运行效果图

打开 res/layout 下面的 activity_main. xml 文件,将布局方式改为垂直线性布局。在布局文件中添加相应的控件,黑体部分是需要添加或修改的代码。具体代码如下:

```
<LinearLayout xmlns:android = "http://schemas.android.com/apk/res/android"
    xmlns:tools = "http://schemas.android.com/tools"
    android:id = "@ + id/LinearLayout1"
    android:layout_width = "match_parent"
    android:layout_height = "match_parent"
    android:orientation = "vertical"
    android:paddingBottom = "@dimen/activity_vertical_margin"
    android:paddingLeft = "@dimen/activity_horizontal_margin"
    android:paddingRight = "@dimen/activity_horizontal_margin"
    android:paddingTop = "@dimen/activity_vertical_margin"
    tools:context = ".MainActivity" >
```

```
    <TextView
        android:layout_width="fill_parent"
        android:layout_height="wrap_content"
        android:text="请选择您的性别"
        android:textSize="20sp" />
    <RadioGroup
        android:id="@+id/Rg1"
        android:layout_width="fill_parent"
        android:layout_height="wrap_content"
        android:orientation="vertical" >
        <RadioButton
            android:id="@+id/Rbt1"
            android:layout_width="fill_parent"
            android:layout_height="wrap_content"
            android:text="男生"
            android:textSize="20sp" />
        <RadioButton
            android:id="@+id/Rbt2"
            android:layout_width="fill_parent"
            android:id="@+id/Rbt3"
            android:layout_width="fill_parent"
            android:layout_height="wrap_content"
            android:text="保密"
            android:textSize="20sp" />
    </RadioGroup>
    <TextView
        android:id="@+id/Tv1"
        android:layout_width="fill_parent"
        android:layout_height="wrap_content"
        android:textSize="20sp" />
</LinearLayout>
```

2. 程序设计

下面介绍如何实现单选按钮的功能，这里单选按钮的作用就是提供给用户三个选项，当用户选中其中一个时，其他两个就不能被选中；每次用户的选择都会有相应的提示信息。首先，设置单选按钮监听器，然后是设置当有单选按钮被选中后的事件处理。代码如下：

```
-------------------- 省略导包部分代码 ------------------------------
public class MainActivity extends Activity {
    //(1) 定义成员变量
```

```
    RadioGroup rg;
    RadioButton rb1;
    RadioButton rb2;
    TextView tv;
    @Override
    protected void onCreate(Bundle savedInstanceState) {
        super.onCreate(savedInstanceState);
        setContentView(R.layout.activity_main);
        //(2) 引用组件
        rg = (RadioGroup)findViewById(R.id.Rg1);
        //(3) 设置监听器
        rb1 = (RadioButton)findViewById(R.id.Rbt1);
        rb2 = (RadioButton)findViewById(R.id.Rbt2);
        tv = (TextView)findViewById(R.id.Tv1);
        rg.setOnCheckedChangeListener(new OnCheckedChangeListener() {
            @Override
            public void onCheckedChanged(RadioGroup arg0, int arg1) {
                // TODO 自动生成的方法存根
                //(4) 事件处理:实现选中单选框之后的操作
                if (rb1.isChecked())
                    tv.setText("欢迎你！\n 帅哥");
                else if (rb2.isChecked())
                    tv.setText("欢迎你！\n 美女");
                else
                    tv.setText("欢迎你！\n 你好神秘啊!");
            }
        });
    }
    @Override
    public boolean onCreateOptionsMenu(Menu menu) {
        // Inflate the menu; this adds items to the action bar if it is present.
        getMenuInflater().inflate(R.menu.main, menu);
        return true;
    }
}
```

3. 运行程序

此代码实现的功能是，当监听到单选按钮被选中时，在 TextView 控件上显示用户选择信息。在显示用户选择信息的时候，在代码中使用的“\n”，在前面 Java 部分曾介绍过是换行的作用。模拟器中运行的效果如图 3-17 所示。

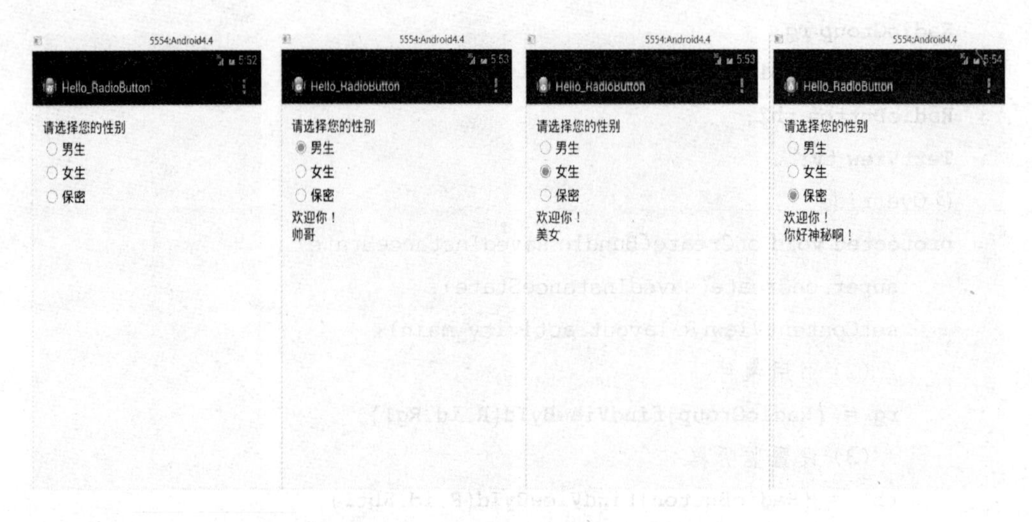

图 3-17 单选框实例运行效果图

3.2.6 复选框——CheckBox

在安装新软件的时候，第一步经常是弹出许可协议，选择是否同意；有时候会提示是否安装某些插件。这些选项前面一般是方框型的，这些就是复选框。

在 Android 中，CheckBox 元素的 XML 代码如下：

```
<CheckBox
        android:layout_width = "wrap_content"
        android:layout_height = "wrap_content"
        android:text = "同意" />
```

其中，android:text 属性显示了该复选框的提示信息。

和单选按钮一样，在用户选中复选框之后，应用对应有所动作。复选框选中后的动作由 Java 代码实现，同样需要设置监听器，并在监听器监听到复选框被选中时，启动特定的动作。

实例 3-7 新建一个 Android 工程 Hello_CheckBox

1. 界面设计

本项目使用 Android 应用做调查问卷，我们想调查毕业生的就业意向，提供“选择接本”、“选择通信企业”、“选择自主创业”三个选项供被调查者选择。

这里可以使用三个 CheckBox 实现该功能，UI 界面如图 3-18 所示。

打开 res/layout 下面的 activity_main. xml 文件，将布局方式改为垂直线性布局。

在布局文件中添加相应的控件，黑体部分是需要添加或修改的代码。具体代码如下：

```
<LinearLayout xmlns:android = "http://schemas.android.com/apk/res/android"
    xmlns:tools = "http://schemas.android.com/tools"
    android:id = "@ + id/LinearLayout1"
    android:layout_width = "match_parent"
    android:layout_height = "match_parent"
    android:orientation = "vertical"
    android:paddingBottom = "@dimen/activity_vertical_margin"
    android:paddingLeft = "@dimen/activity_horizontal_margin"
```

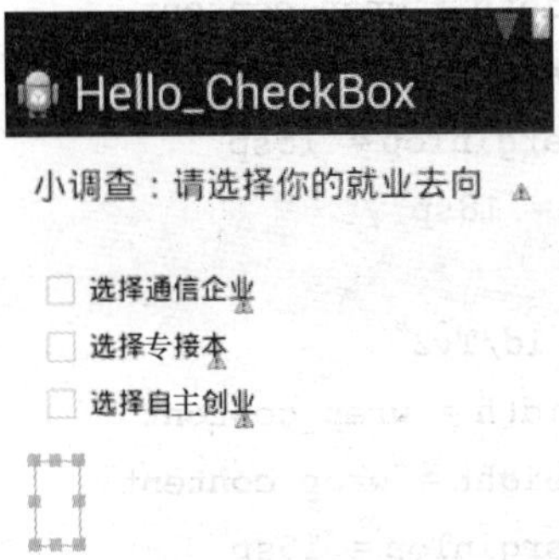

图 3-18　调查问卷界面设计

```
android:paddingRight = "@dimen/activity_horizontal_margin"
android:paddingTop = "@dimen/activity_vertical_margin"
tools:context = ".MainActivity" >
 <TextView
    android:layout_width = "fill_parent"
    android:layout_height = "wrap_content"
    android:textSize = "20sp"
    android:text = "小调查:请选择你的就业去向" />
<CheckBox
    android:id = "@ + id/Cb1"
    android:layout_width = "wrap_content"
    android:layout_height = "wrap_content"
    android:layout_marginTop = "30sp"
    android:text = "选择通信企业" />
<CheckBox
    android:id = "@ + id/Cb2"
    android:layout_width = "wrap_content"
    android:layout_height = "wrap_content"
    android:text = "选择专接本" />
<CheckBox
    android:id = "@ + id/Cb3"
    android:layout_width = "wrap_content"
    android:layout_height = "wrap_content"
    android:text = "选择自主创业" />
<TextView
    android:id = "@ + id/Tv1"
```

```
        android:layout_width = "wrap_content"
        android:layout_height = "wrap_content"
        android:layout_marginTop = "15sp"
        android:textSize = "18sp" />
    <TextView
        android:id = "@ + id/Tv2"
        android:layout_width = "wrap_content"
        android:layout_height = "wrap_content"
        android:layout_marginTop = "15sp"
        android:textSize = "18sp" />
    <TextView
        android:id = "@ + id/Tv3"
        android:layout_width = "wrap_content"
        android:layout_height = "wrap_content"
        android:layout_marginTop = "15sp"
        android:textSize = "18sp" />
</LinearLayout>
```

2. 程序设计

下面介绍如何实现复选按钮的功能，这里复选按钮的作用就是提供给用户三个选项，用户可以选中其中一个或多个；每次用户的选择都会有相应的提示信息。

首先，设置单选按钮监听器，然后是设置当有复选按钮被选中后的事件处理。代码如下：

```
---------------------- 省略导包部分代码 ----------------------
public class MainActivity extends Activity {
    //(1) 定义成员变量
    TextView  tv1;
    TextView  tv2;
    TextView  tv3;
    CheckBox  cb1;
    CheckBox  cb2;
    CheckBox  cb3;
    @Override
    protected void onCreate(Bundle savedInstanceState) {
        super.onCreate(savedInstanceState);
        setContentView(R.layout.activity_main);
        //(2) 引用组件
       tv1=(TextView) findViewById(R.id.Tv1);
       tv2=(TextView) findViewById(R.id.Tv2);
       tv3=(TextView) findViewById(R.id.Tv3);
       cb1=(CheckBox) findViewById(R.id.Cb1);
       cb2=(CheckBox) findViewById(R.id.Cb2);
       cb3=(CheckBox) findViewById(R.id.Cb3);
       //(3) 设置监听器
        cb1.setOnCheckedChangeListener(listener);
```

```
        cb2.setOnCheckedChangeListener(listener);
        cb3.setOnCheckedChangeListener(listener);
    }
    //设置了一个公共的监听器,用来监听每一个复选框是否被选中
    private OnCheckedChangeListener listener = new
    OnCheckedChangeListener() {
        public void onCheckedChanged(CompoundButton buttonView, boolean isCh-
ecked) {
            // TODO Auto-generated method stub
            if(cb1.isChecked()){
                tv1.setText("选择通信企业");
            }else{
                tv1.setText("");
            }
            if(cb2.isChecked()){
                tv2.setText("选择专接本");
            }else{
                tv2.setText("");
            }
            if(cb3.isChecked()){
                tv3.setText("选择自主创业");
            }else{
                tv3.setText("");
            }
        }
    };
    @Override
    public boolean onCreateOptionsMenu(Menu menu) {
        // Inflate the menu; this adds items to the action bar if it is present.
        getMenuInflater().inflate(R.menu.main, menu);
        return true;
    }
}
```

3. 运行程序

在模拟器中运行程序,效果如图 3-19 所示。

3.2.7　下拉列表控件——Spinner

Android 中提供了两类常用的列表类控件,分别是 Spinner 和 ListView。其中,Spinner 表示下拉列表选择控件,ListView 表示列表选择控件。下面先介绍 Spinner 控件。

为了使我们设计的 Android 应用让用户有更好的使用体验,往往提供给用户选择信息,而不是让用户输入信息。用户选择信息还有一种常见的方式就是使用下拉列表。

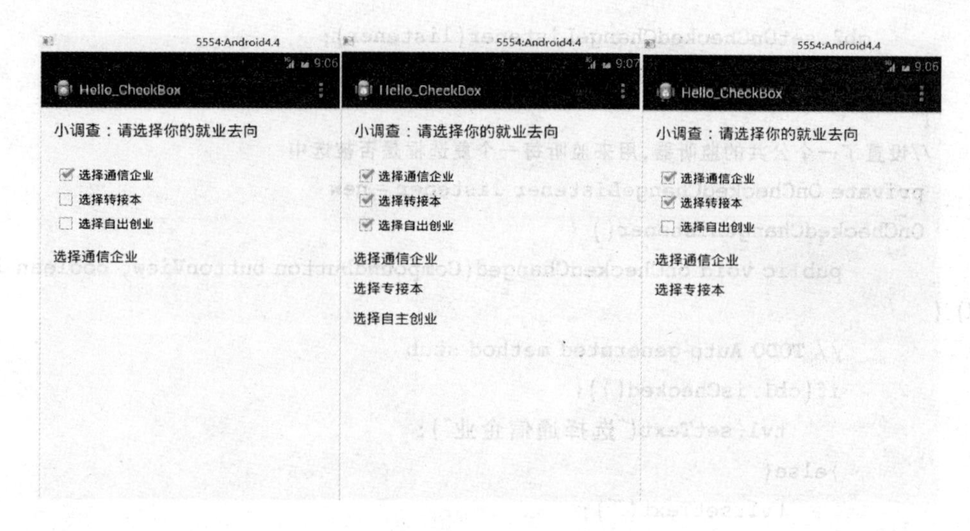

图 3-19　调查问卷运行效果

在 Android 中，有两种方法向 UI 界面中添加下拉列表控件。一种是在 XML 布局文件中使用<Spinner>标记添加，另一种是在 Java 文件中，通过关键字 new 创建出来。在布局文件中添加列表控件，也可以有两种情况，下面将详细介绍。

一、使用<Spinner>标记属性设置列表选项

```
<Spinner
    android:id="@+id/Sp1"
    android:prompt="@string/info"
    android:entries="@array/数组名称"
    android:layout_width="wrap_content"
    android:layout_height="wrap_content" />
```

其中，android:entries 为用于指定列表项的属性，如果不使用该属性指定列表项，也可以在 Java 代码中通过为其指定适配器(Adapter)的方式来实现，下一小节详细讲解。android:prompt 属性也是可选属性，用于指定列表选择框的标题。

通常情况下，列表选择框中要显示的列表项是可知的，可以直接保存在数组资源文件中，然后通过数组资源来为列表选择框指定列表项。

实例 3-8　新建一个 Android 工程 Hello_Spinner

1. 界面设计

(1) 添加数组资源

Spinner 的数据来源可以来自程序中的数组，也可以来自 XML 中自定义的数据，本实例中使用了后者。

在 res/value 目录的 strings. xml 文件中添加名为 zhuanye 的字符串数组，步骤如图 3-20、图 3-21 和图 3-22 所示。

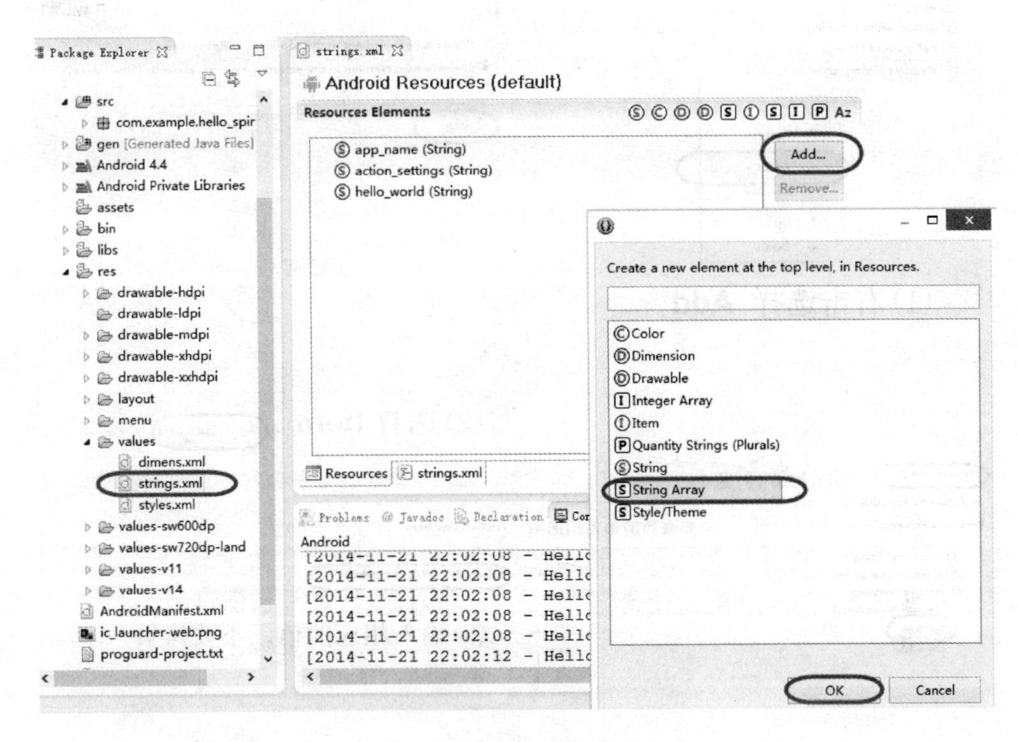

图 3-20　添加字符串数组

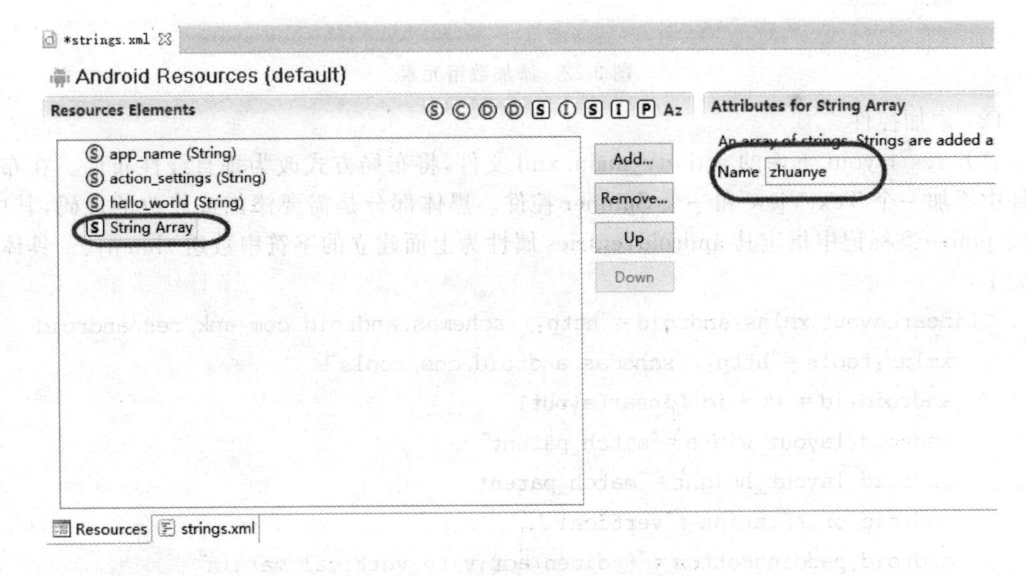

图 3-21　设置字符串数组名称

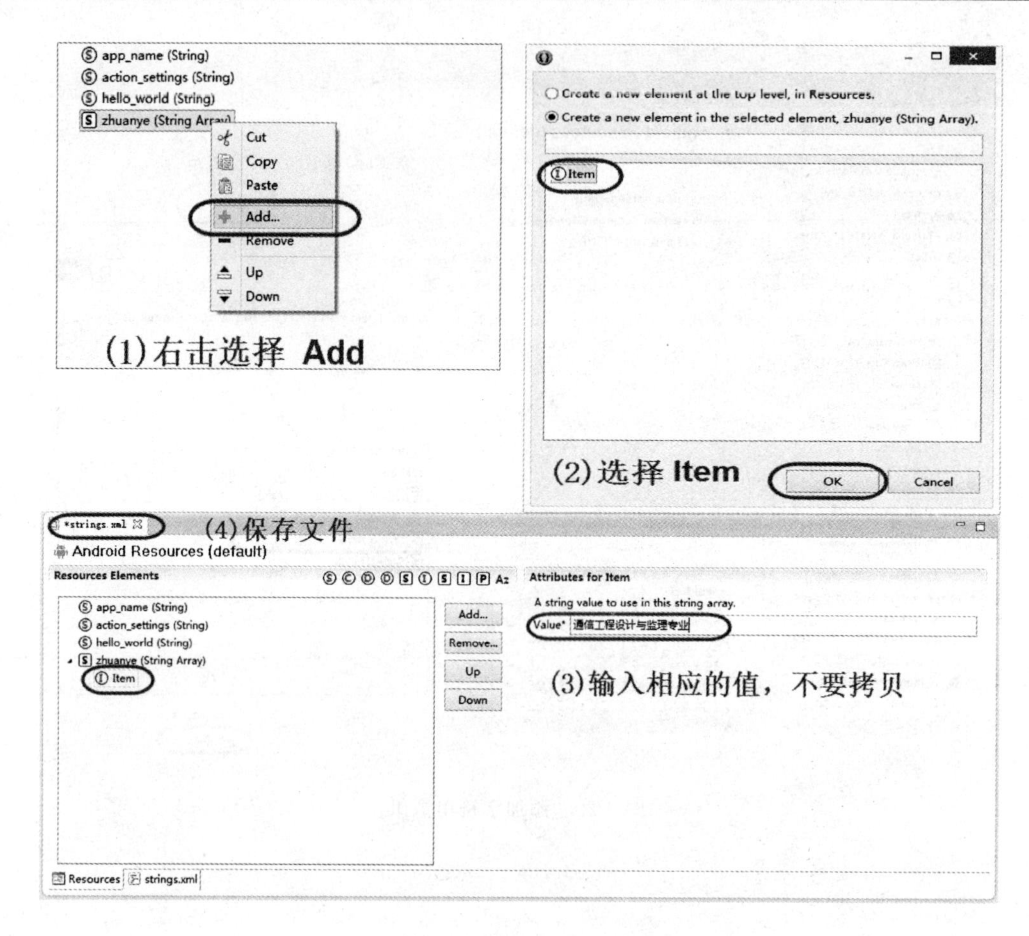

图 3-22　添加数组元素

（2）添加控件

打开 res/layout 下面的 activity_main. xml 文件，将布局方式改为垂直线性布局。在布局文件中添加一个 TextView 和一个 Spinner 控件。黑体部分是需要添加或修改的代码，其中，在<spinner>标记中指定其 android:entries 属性为上面建立的字符串数组 zhuanye。具体代码如下：

```
<LinearLayout xmlns:android = "http://schemas.android.com/apk/res/android"
    xmlns:tools = "http://schemas.android.com/tools"
    android:id = "@ + id/LinearLayout1"
    android:layout_width = "match_parent"
    android:layout_height = "match_parent"
    android:orientation = "vertical"
    android:paddingBottom = "@dimen/activity_vertical_margin"
    android:paddingLeft = "@dimen/activity_horizontal_margin"
    android:paddingRight = "@dimen/activity_horizontal_margin"
    android:paddingTop = "@dimen/activity_vertical_margin"
    tools:context = ".MainActivity" >
    <TextView
        android:id = "@ + id/textView1"
```

```
        android:layout_width="wrap_content"
        android:layout_height="wrap_content"
        android:text="请选择你的专业:" />
    <Spinner
        android:id="@+id/Sp1"
        android:layout_width="match_parent"
        android:layout_height="wrap_content"
        android:entries="@array/zhuanye" />
</LinearLayout>
```

2. 程序设计

在 MainActivity.java 文件中使用列表选择框的 getSelectedItem()方法获取列表选择框的选中值。并为列表选择框添加 OnItemSelected()事件监听。具体代码如下：

```
----------------省略导包部分代码------------------------------
public class MainActivity extends Activity {
    //(1) 定义成员变量
    Spinner spinner;
    @Override
    protected void onCreate(Bundle savedInstanceState) {
        super.onCreate(savedInstanceState);
        setContentView(R.layout.activity_main);
        //(2) 引用组件
        spinner = (Spinner)findViewById(R.id.Sp1);
        //(3) 获取列表选择框的选择值
        spinner.getSelectedItem();
        //(4) 设置监听器
        spinner.setOnItemSelectedListener(new OnItemSelectedListener() {
            @Override
            public void onItemSelected(AdapterView<?> parent, View arg1,int
position, long id) {
                // TODO 自动生成的方法存根
                 String
    zhuanye = parent.getItemAtPosition(position).toString();
                //获取选择项的值
                 Toast.makeText(MainActivity.this, zhuanye, Toast.LENGTH_
SHORT).show();
    //弹出提示框
            }
            @Override
            public void onNothingSelected(AdapterView<?> arg0) {
                // TODO 自动生成的方法存根
            }
            });
```

```
    }
    @Override
    public boolean onCreateOptionsMenu(Menu menu) {
        // Inflate the menu; this adds items to the action bar if it is present.
        getMenuInflater().inflate(R.menu.main, menu);
        return true;
    }
}
```

3. 运行程序

打开模拟器,运行程序,效果如图 3-23 所示。

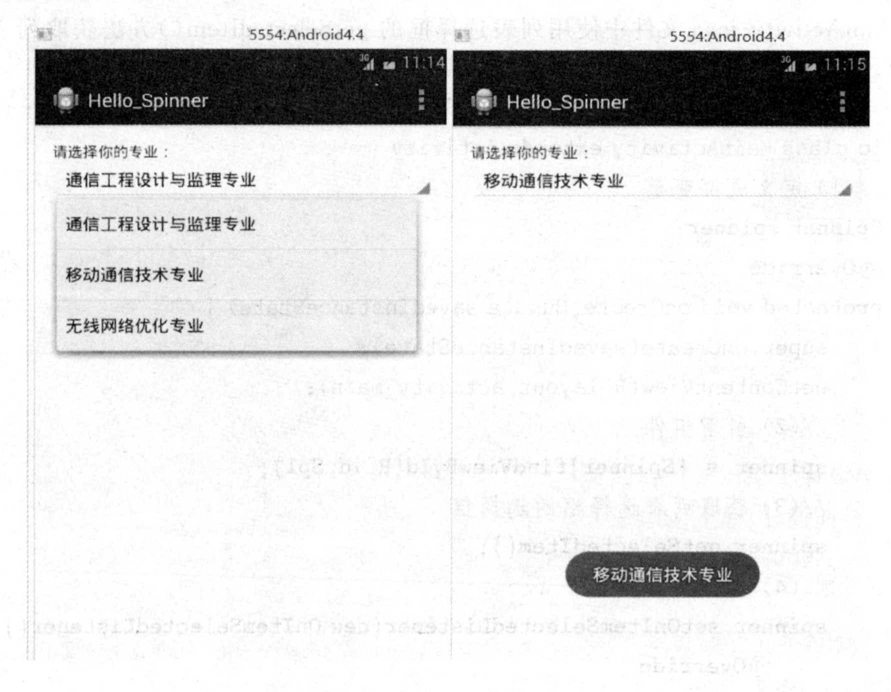

图 3-23　下拉列表运行效果

二、使用适配器(Adapter)实现列表选项

首先在 XML 布局文件中设置<Spinner>标识,其代码如下:

```
<Spinner
        android:id="@+id/Spn1"
        android:layout_width="fill_parent"
        android:layout_height="wrap_content"/>
```

在具体使用的时候,还需要在源文件中设置其他配置,下面将在一个实例中详细介绍。

在 Java 代码中,使用 Spinner 控件需要下面 4 个步骤:

① 获取 Spinner 对象;

② 创建 Adapter;

③ 为 Spinner 对象设置 Adapter;

④ 为 Spinner 对象设置监听器。

其中,在创建 Adapter 时,需要新建 Adapter 对象,并设置下拉视图资源。

什么是 Adapter 呢? 一个 Adapter 是 AdapterView 视图与数据之间的桥梁,Adapter 提供对数据的访问,也负责为每一项数据产生一个对应的 View。其作用如图 3-24 所示。

实例 3-9　练习 Spinner 控件的使用

这个实例功能是提供给用户一个下拉列表,用户可以选择自己的专业信息,通过单击其中的选项完成选择,并在最后的页面上展示。显示的效果如图 3-25 所示。

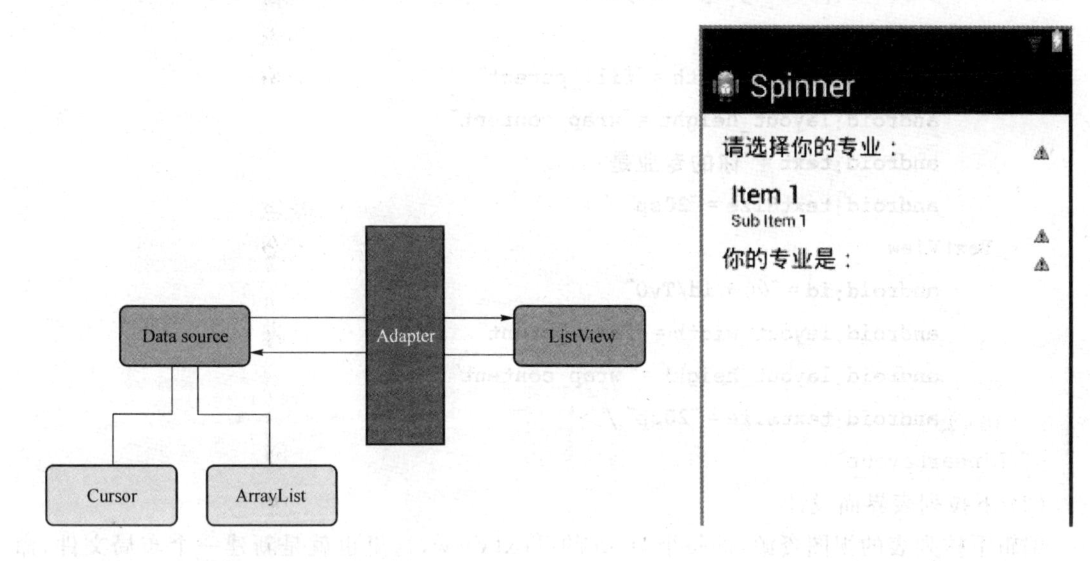

图 3-24　Adapter 作用图示　　　　图 3-25　Spinner 控件界面设计

1. 界面设计

(1) 主界面设计

打开 res/layout 下面的 activity_main. xml 文件,将布局方式改为垂直线性布局。

在布局文件中添加 3 个 TextView 和一个 Spinner 控件。黑体部分是需要添加或修改的代码。具体代码如下:

```
<LinearLayout xmlns:android="http://schemas.android.com/apk/res/android"
    xmlns:tools="http://schemas.android.com/tools"
    android:id="@+id/LinearLayout1"
    android:layout_width="match_parent"
    android:layout_height="match_parent"
    android:orientation="vertical"
    android:paddingBottom="@dimen/activity_vertical_margin"
    android:paddingLeft="@dimen/activity_horizontal_margin"
    android:paddingRight="@dimen/activity_horizontal_margin"
    android:paddingTop="@dimen/activity_vertical_margin"
    tools:context=".MainActivity" >
    <TextView
        android:layout_width="fill_parent"
        android:layout_height="wrap_content"
        android:text="请选择你的专业:"
```

```
            android:textSize = "20sp" />
        <Spinner
            android:id = "@ + id/Spn1"
            android:layout_width = "fill_parent"
            android:layout_height = "wrap_content"
            android:paddingTop = "10px" />
        <TextView
            android:layout_width = "fill_parent"
            android:layout_height = "wrap_content"
            android:text = "你的专业是:"
            android:textSize = "20sp" />
    <TextView
            android:id = "@ + id/Tv0"
            android:layout_width = "fill_parent"
            android:layout_height = "wrap_content"
            android:textSize = "20sp" />
</LinearLayout>
```

(2) 下拉列表界面设计

编辑下拉列表的视图资源,即每个 Item 的 TextView,这里也就是新建一个布局文件,命名为 dropdown. xml。在包浏览器中的 res 文件夹下的 layout 文件夹中新增一个名为 dropdown. xml 的文件。本文件只用作显示数据的框架,真正的数据在程序中通过数组来定义。

添加 dropdown. xml 文件的方法如图 3-26、图 3-27 和图 3-28 所示。

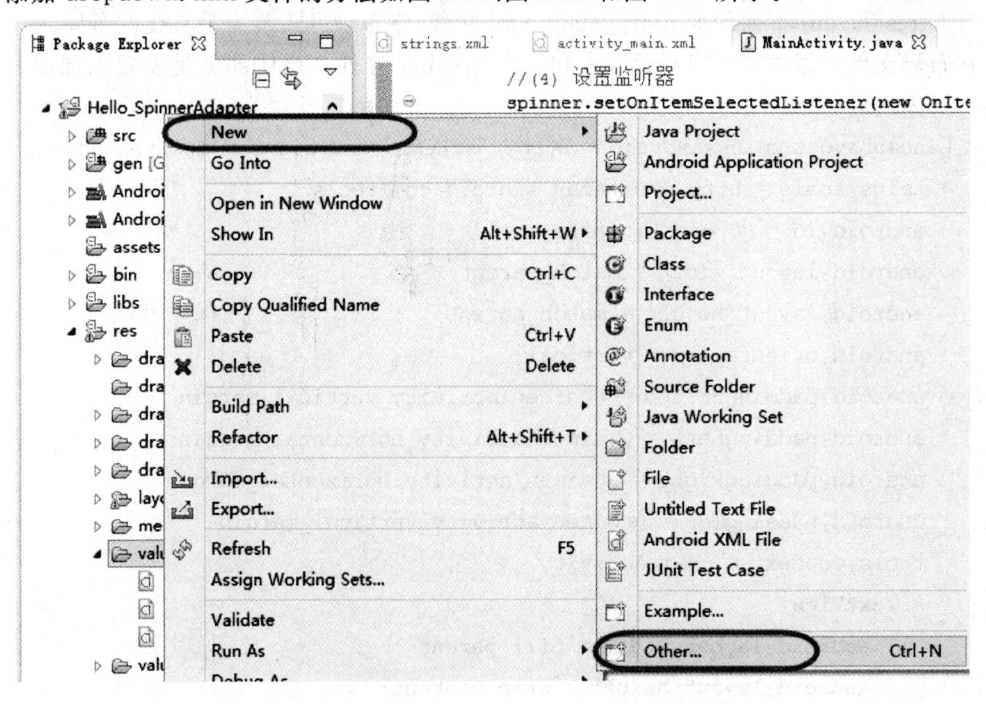

图 3-26　新建 XML LayOut 文件(1)

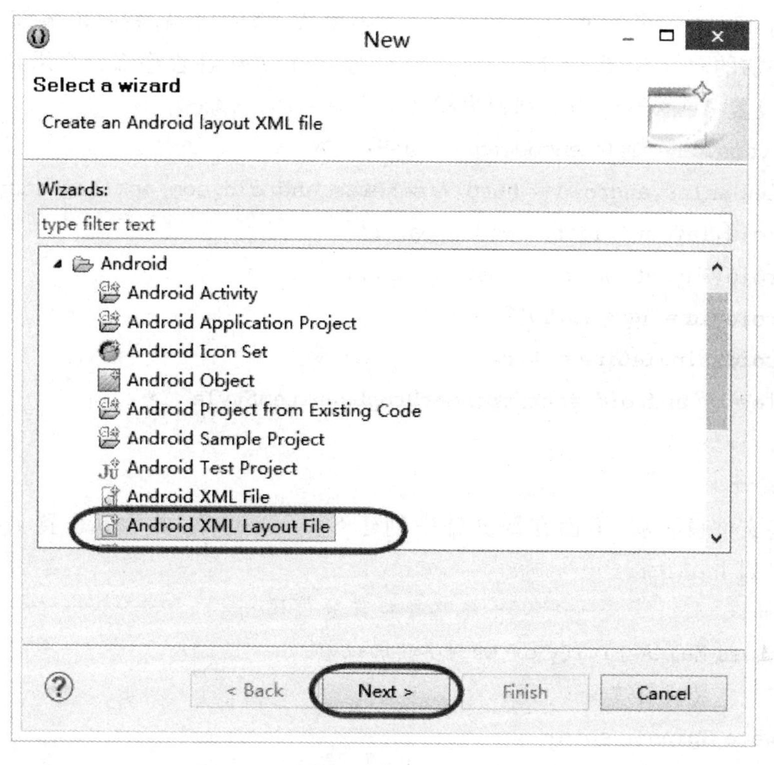

图 3-27　新建 XML LayOut 文件(2)

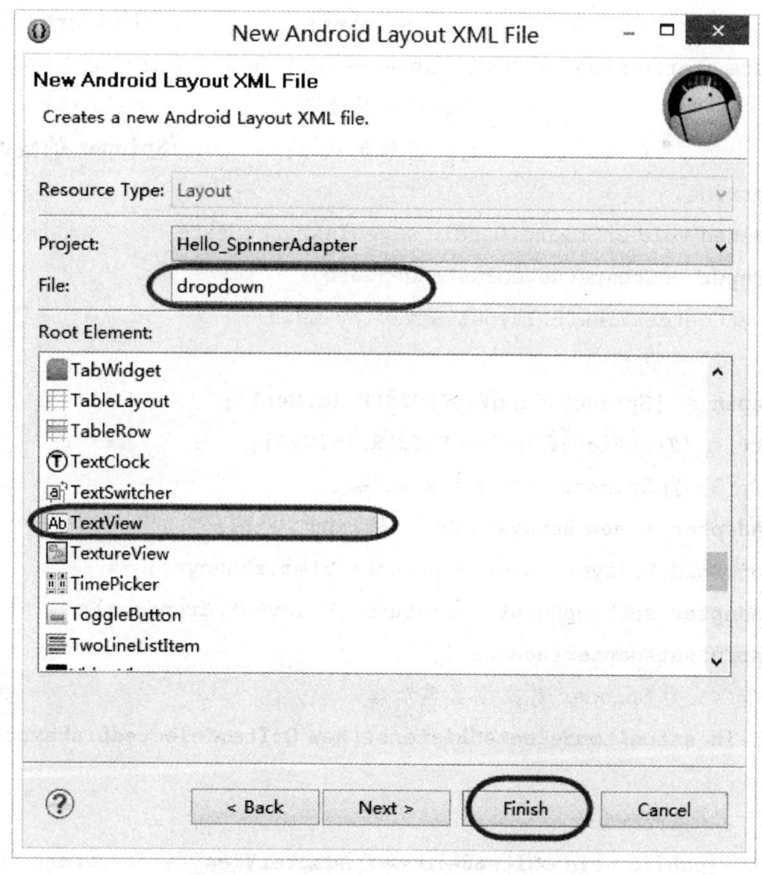

图 3-28　新建 XML LayOut 文件(3)

打开 dropdown.xml 文件，切换到 XML 代码模式，修改代码，其中黑体部分是要添加的代码。主要添加的属性有，设置 TextView 的 id 号 Tv1，Tv1 在程序部分会用到，不要写错；设置单行显示；设置 TextView 为下列列表样式

```
<?xml version="1.0" encoding="utf-8"?>
<TextView xmlns:android="http://schemas.android.com/apk/res/android"
    android:layout_width="match_parent"
    android:layout_height="match_parent"
    android:id="@+id/Tv1"
    android:singleLine="true"
    style="@android:attr/spinnerDropDownItemStyle">
</TextView>
```

2. 程序设计

完成布局文件设置后，下面在源文件中创建 Spinner 对象，并为其设置 Adapter 及监听器。具体代码如下：

```
---------------------省略导包部分代码---------------------
public class MainActivity extends Activity {
    //(1) 定义成员变量
    private Spinner spin;
    private TextView tv;
    private ArrayAdapter<String> adapter;          //声明 Adapter 对象
    private static final String[] zhuanye = {"通信工程设计与监理",
                                    "移动通信技术",
                                    "无线网络优化"};      //Spinner 的数据源
    @Override
    protected void onCreate(Bundle savedInstanceState) {
        super.onCreate(savedInstanceState);
        setContentView(R.layout.activity_main);
        //(2) 引用组件
        spin = (Spinner)findViewById(R.id.Spn1);
        tv = (TextView)findViewById(R.id.Tv0);
        //(3) 为 Spinner 对象设置 Adapter
        adapter = new ArrayAdapter<String>(this,
        android.R.layout.simple_spinner_item,zhuanye);
        adapter.setDropDownViewResource(R.layout.dropdown);
        spin.setAdapter(adapter);
        //(4) 为 Spinner 对象设置监听器
        spin.setOnItemSelectedListener(new OnItemSelectedListener()
        {
            @Override
            public void onItemSelected(AdapterView<?> parent, View view,int
```

```
position, long id) {
                    // TODO 自动生成的方法存根
                    // 事件处理
                    String seleted = zhuanye[position];
                    tv.setText(seleted);
                    parent.setVisibility(View.VISIBLE);
            }
            @Override
            public void onNothingSelected(AdapterView<? > arg0) {
                // TODO 自动生成的方法存根
            }
            //在这里实现接口
        });
    }
    @Override
    public boolean onCreateOptionsMenu(Menu menu) {
            // Inflate the menu; this adds items to the action bar if it is present.
            getMenuInflater().inflate(R.menu.main, menu);
            return true;
    }
}
```

3. 运行程序

运行模拟器，效果如图 3-29 所示。

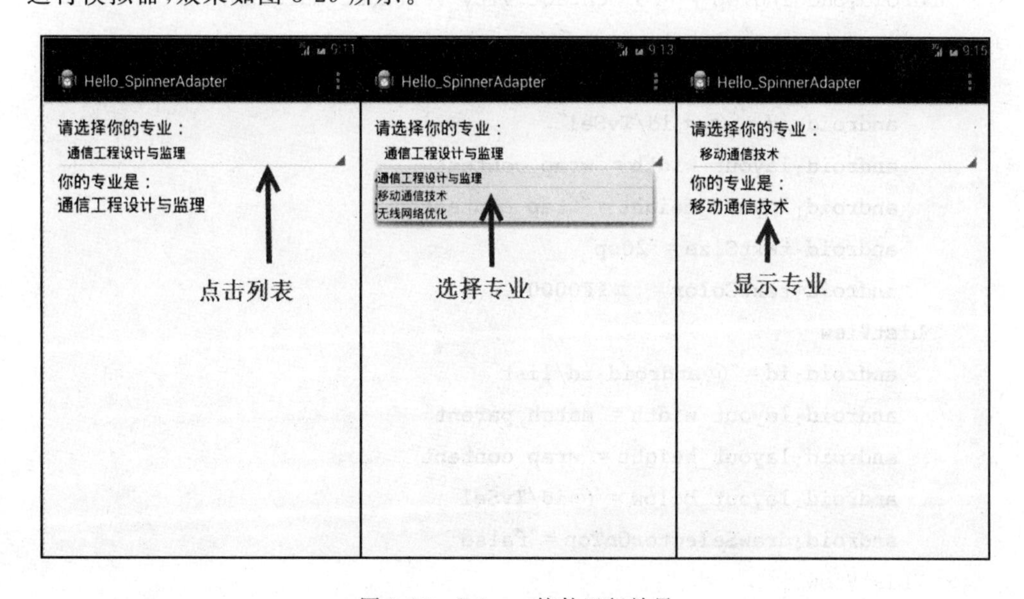

图 3-29　Spinner 控件运行效果

3.2.8 列表选择控件——ListView

ListView 是一种用于垂直显示的列表控件，如果显示内容过多，则会出现垂直滚动条。ListView 能够通过适配器将数据和自身绑定，在有限的屏幕上提供大量内容供用户选择，所以是经常使用的用户界面控件。同时，ListView 支持点击事件处理，用户可以用少量的代码实现复杂的选择功能。

若 Activity 由一个单一的列表控制，则 Activity 需继承 ListActivity 类而不是之前介绍的常规的 Activity 类。如果主视图仅仅只是列表，甚至不需要建立一个 layout，ListActivity 会为用户构建一个全屏幕的列表。如果想自定义布局，则需要确定 ListView 的 id 为@android:id/list，以便 ListActivity 知道其 Activity 的主要清单。

实例 3-10 ListView 的使用

1. 界面设计

打开 res/layout 下面的 activity_main.xml 文件，向其中添加一个 TextView 控件和一个 ListView 控件，注意 ListView 控件在 Composite 文件夹下面。按照下面的代码修改控件属性。注意：ListView 控件的 id 属性必须为"@android:id/list"。

```
<RelativeLayout xmlns:android="http://schemas.android.com/apk/res/android"
    xmlns:tools="http://schemas.android.com/tools"
    android:layout_width="match_parent"
    android:layout_height="match_parent"
    android:paddingBottom="@dimen/activity_vertical_margin"
    android:paddingLeft="@dimen/activity_horizontal_margin"
    android:paddingRight="@dimen/activity_horizontal_margin"
    android:paddingTop="@dimen/activity_vertical_margin"
    tools:context=".MainActivity">
    <TextView
        android:id="@+id/TvSel"
        android:layout_width="wrap_content"
        android:layout_height="wrap_content"
        android:textSize="20sp"
        android:textColor="#FF0000">
    <ListView
        android:id="@android:id/list"
        android:layout_width="match_parent"
        android:layout_height="wrap_content"
        android:layout_below="@id/TvSel"
        android:drawSelectorOnTop="false">
    </ListView>
</RelativeLayout>
```

2. 程序设计

将 src 下面的 activity_main.java 文件删掉。重新创建继承 ListActivity 类的 Activity，如

图 3-30、图 3-31 和图 3-32 所示。

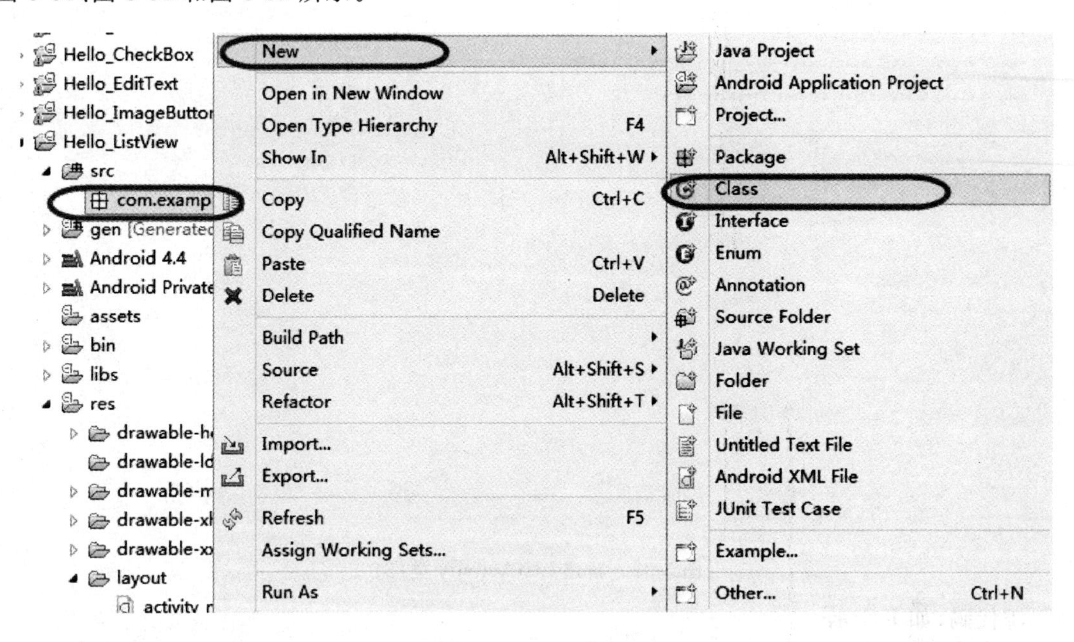

图 3-30　新建 ListActivity 类(1)

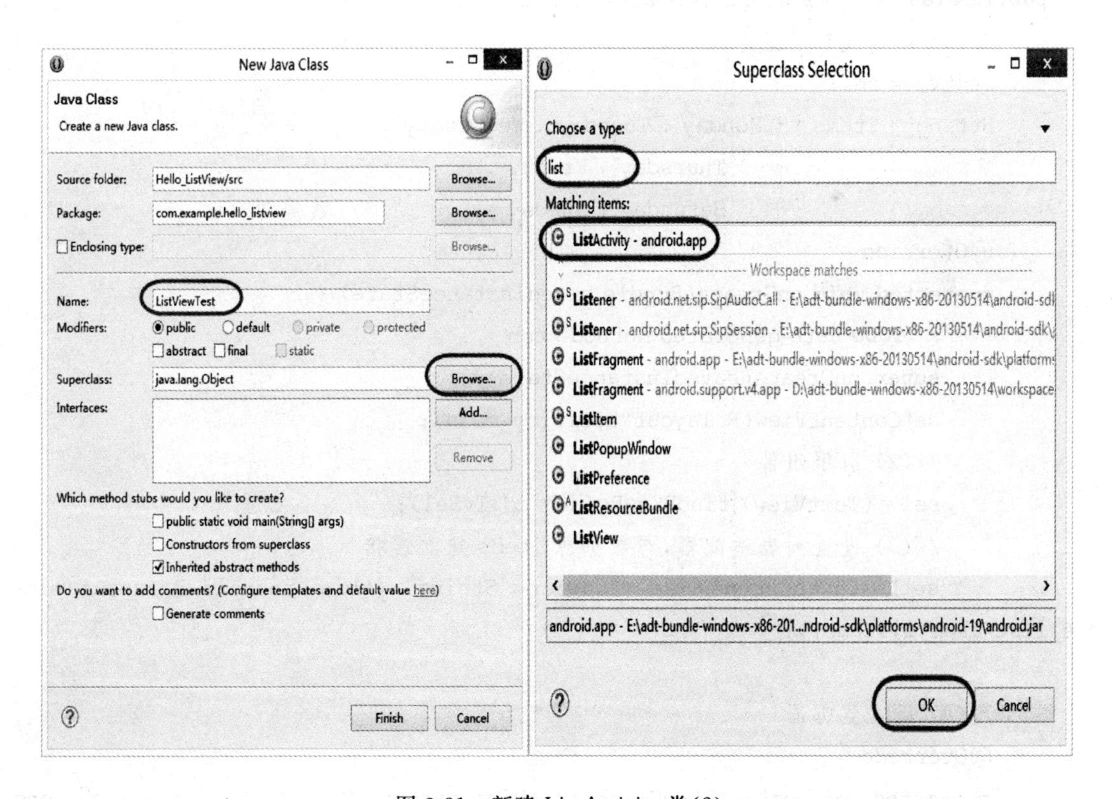

图 3-31　新建 ListActivity 类(2)

MainActivity.java　ListViewTest.java

```
package com.example.hello_listview;

import android.app.ListActivity;

public class ListViewTest extends ListActivity {

}
```

图 3-32　新建 ListActivity 类(3)

源代码,如下所示。

```
----------------------省略导包部分代码----------------------
public class ListViewTest extends ListActivity {
    //(1) 定义成员变量
    TextView sel;
    String[] items = {"Monday","Tuesday","Wednesday",
                      "Thursday","Friday",
                      "Saturday","Sunday"};          //数据源
    @Override
    protected void onCreate(Bundle savedInstanceState) {
        // TODO Auto-generated method stub
        super.onCreate(savedInstanceState);
        setContentView(R.layout.activity_main);
        //(2) 引用组件
        sel = (TextView) findViewById(R.id.TvSel);
        //(3) 设置列表适配器,与数据源 items 建立连接
        setListAdapter(new ArrayAdapter<String>(this, android.R.layout.sim-
ple_list_item_1,items));
    }
    //(4) 设置监听器
    @Override
    protected void onListItemClick(ListView parent, View v, int position, long
id) {
        // TODO Auto-generated method stub
        sel.setText("你的选择是:" + items[position]);
```

```
        }
    }
```

3. 运行程序

在模拟器中运行程序，效果如图 3-33 所示。

图 3-33　ListView 控件运行效果

3.3　高级控件

3.3.1　消息提示控件

1. AlertDialog 控件

AlertDialog 类的功能非常强大，它不仅可以生成带按钮的提示对话框，还可以生成带列表的列表对话框。使用 AlertDialog 可以生成的对话框，概括起来有以下 4 种。

(1) 带确定、中立和取消等 *N* 个按钮的提示对话框，其中的按钮个数不是固定的，可以根据需要添加。例如，不需要有中立按钮，那么就可以生成只带有“确定”和“取消”按钮的对话框，也可以是只带有一个按钮的对话框。

(2) 带列表的列表对话框。

(3) 带多个单选列表项和 *N* 个按钮的列表对话框。

(4) 带多个多选列表项和 *N* 个按钮的列表对话框。

在使用 AlertDialog 类生成对话框时，常用的方法如表 3-1 所示。

表 3-1　AlertDialog 类常用方法

方法	描述
setTitle(CharSeuence title)	用于为对话框设置标题

续 表

方法	描述
setIcon(Drawabe icon)	用于为对话框设置图标
setIcon(int resId)	用于为对话框设置图标
setMessage(CharSequence message)	用于为提示对话框设置要显示的内容
setButton()	用于为提示对话框添加按钮,可以是取消按钮、中立按钮和确定按钮。需要通过为其指定 int 类型的 whichButton 参数实现,其参数值可以是 DialogInterface. BUTTON _ POSITIVE(确定按钮)、BUTTON _ NEGATIVE、(取消按钮)BUTTON_NEUTRAL(中立按钮)

通常情况下,使用 AlertDialog 类只能生成带 N 个按钮的提示对话框,要生成另外 3 种列表对话框,需要使用 AlertDialog. Builder 类,AlertDialog. Builder 类提供的常用方法如表 3-2 所示。

表 3-2　AlertDialog. Builder 类常用方法

方法	描述
setTitle(CharSeuence title)	用于为对话框设置标题
setIcon(Drawabe icon)	用于为对话框设置图标
setIcon(int resId)	用于为对话框设置图标
setMessage(CharSequence message)	用于为提示对话框设置要显示的内容
setNegativeButton()	用于为提示框添加取消按钮
setPositiveButton()	用于为提示框添加确定按钮
setNeutralButon()	用于为提示框添加中立按钮
setItems()	用于为对话框添加列表项
setSingleChoiceItems()	用于为对话框添加单选列表项
setMultiChoiceItems()	用于为对话框添加多选列表项

实例 3-11　普通对话框

本实例设计一个带两个按钮(确定/取消)的对话框,运行效果如图 3-34 所示。

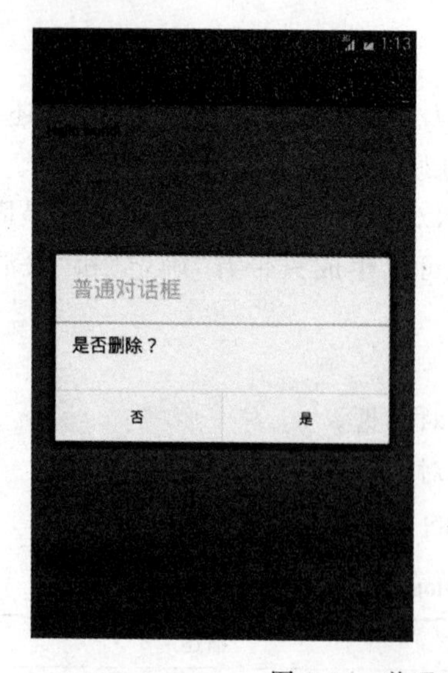

图 3-34　普通对话框运行效果

新建一个 **Android** 项目 **Hello_AlertDialog1**。修改 **src** 下面的源代码文件 **MainActivity.java**,源代码如下:

```
----------------------省略导包部分代码----------------------
public class MainActivity extends Activity {
    @Override
    protected void onCreate(Bundle savedInstanceState) {
        super.onCreate(savedInstanceState);
        setContentView(R.layout.activity_main);
        // 新建 AlertDialog.Builder
        AlertDialog.Builder builder = new AlertDialog.Builder(this);
        // 实例化 Builder
        builder.setTitle("普通对话框")
          .setMessage("是否删除?")
          .setPositiveButton("是", new DialogInterface.OnClickListener() {
              @Override
              public void onClick(DialogInterface arg0, int which) {
              // TODO Auto-generated method stub
              Toast.makeText(MainActivity.this, "删除成功",
                              Toast.LENGTH_SHORT).show();
                  }
          })
        .setNegativeButton("否", new DialogInterface.OnClickListener() {
              @Override
              public void onClick(DialogInterface dialog, int which) {
                  // TODO Auto-generated method stub
                  dialog.dismiss();
                  }
              });
        // 弹出提示框
        builder.create().show();
    }
    @Override
    public boolean onCreateOptionsMenu(Menu menu) {
        // Inflate the menu;
        //this adds items to the action bar if it is present.
        getMenuInflater().inflate(R.menu.main, menu);
        return true;
    }
}
```

实例 3-12 简单列表对话框

图 3-35 简单列表对话框运行效果

简单列表对话框提供一个列表可以进行选择，此功能可通过 **AlertDialog** 中的属性 **setItems** 来实现。用 **setItems(CharSequence[] items, final OnClickListener listener)** 方法来实现类似 **ListView** 的 **AlertDialog**。

第一个参数是要显示的数据的数组。

第二个参数是单击某个 **item** 的触发事件。

本实例中通过弹出的列表对话框实现对日期的选择，显示效果如图 3-35 所示。

新建一个 **Android** 项目 **Hello_AlertDialog2**。修改 **src** 下面的源代码文件 **MainActivity.java**，源代码如下：

```
----------------------省略导包部分代码----------------------
public class MainActivity extends Activity {
    @Override
    protected void onCreate(Bundle savedInstanceState) {
        super.onCreate(savedInstanceState);
        setContentView(R.layout.activity_main);
        //定义字符串数组
        final String[] weekday = new String[] {
                                "星期一","星期二","星期三",
                                "星期四","星期五","星期六","星期日" };
        // 新建 AlertDialog.Builder
        AlertDialog.Builder builder = new Builder(this);
        // 实例化 Builder
        builder.setTitle("请选择日期");
        builder.setItems(weekday,
            new DialogInterface.OnClickListener() {
            public void onClick(DialogInterface arg0, int arg1) {
                Toast.makeText(MainActivity.this,
                        "选择的日期为：" + weekday[arg1],
                        Toast.LENGTH_SHORT).show();
```

```
            }
        });
        // 弹出提示框
        builder.create().show();
    }
    @Override
    public boolean onCreateOptionsMenu(Menu menu) {
        // Inflate the menu;
        //this adds items to the action bar if it is present.
        getMenuInflater().inflate(R.menu.main, menu);
        return true;
    }
}
```

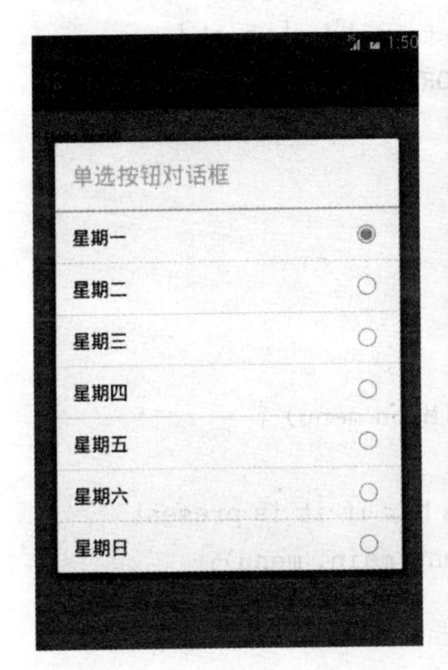

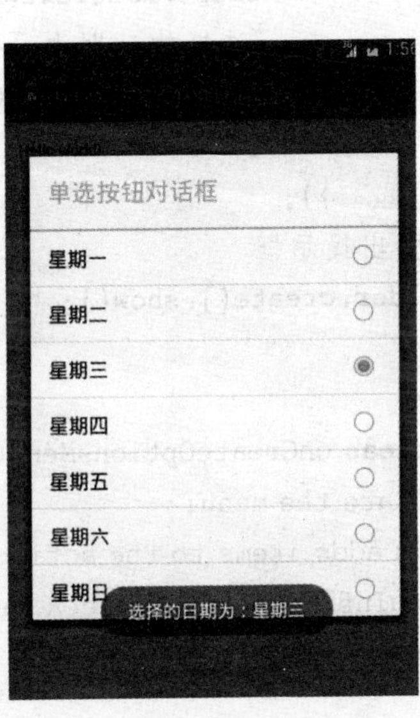

图 3-36　单选列表对话框实例运行效果

将上面代码中的 builder. setItems 改为 builder. setSingleChoiceItems 可实现单选列表对话框。用 setSingleChoiceItems(CharSequence[] items, int checkedItem, final OnClickListener listener)方法来实现类似 RadioButton 的 AlertDialog。

第一个参数是要显示的数据的数组。

第二个参数是初始值(初始被选中的 item)。

第三个参数是单击某个 item 的触发事件。

程序的运行效果如图 3-36 所示。代码如下：

```
-----------------------省略导包部分代码---------------------
public class MainActivity extends Activity {
    @Override
    protected void onCreate(Bundle savedInstanceState) {
        super.onCreate(savedInstanceState);
        setContentView(R.layout.activity_main);
        //定义字符串数组
```

```
        final String[] weekday = new String[] {
                "星期一", "星期二", "星期三",
                "星期四", "星期五", "星期六", "星期日" };
        // 新建 AlertDialog.Builder
        AlertDialog.Builder builder = new Builder(this);
        // 实例化 Builder
        builder.setTitle("单选按钮对话框");
        builder.setSingleChoiceItems(weekday, 0,
                new DialogInterface.OnClickListener() {
                    @Override
        public void onClick(DialogInterface dialog, int which) {
                    // 添加 Toast
                    Toast.makeText(MainActivity.this,
                    "选择的日期为:" + weekday[which],
                    Toast.LENGTH_SHORT).show();
                    }
                });
        // 弹出提示框
        builder.create().show();
    }
    @Override
    public boolean onCreateOptionsMenu(Menu menu) {
        // Inflate the menu;
        // this adds items to the action bar if it is present.
        getMenuInflater().inflate(R.menu.main, menu);
        return true;
    }
}
```

实例 3-13　多选列表对话框

用 **setMultiChoiceItems(CharSequence[] items, boolean[] checkedItems, final OnMultiChoiceClickListener listener)**方法来实现类似 **CheckBox** 的 **AlertDialog**。

第一个参数是要显示的数据的数组。

第二个参数是选中状态的数组。

第三个参数是单击某个 **item** 的触发事件。

现将上个实例中的单选按钮改为多选按钮，具体步骤如下所示。

(1) 界面设计

打开 **res/layout** 下面的 **activity_main.xml** 文件，向其中添加一个 **Button** 控件并修改其属性，**XML** 代码如下所示。

```
<RelativeLayout xmlns:android="http://schemas.android.com/apk/res/android"
    xmlns:tools="http://schemas.android.com/tools"
    android:layout_width="match_parent"
    android:layout_height="match_parent"
```

```
    android:paddingBottom = "@dimen/activity_vertical_margin"
    android:paddingLeft = "@dimen/activity_horizontal_margin"
    android:paddingRight = "@dimen/activity_horizontal_margin"
    android:paddingTop = "@dimen/activity_vertical_margin"
    tools:context = ".MainActivity" >
    <Button
        android:id = "@ + id/BtnMultiChoice"
        android:layout_width = "wrap_content"
        android:layout_height = "wrap_content"
        android:text = "请选择日期" />
</RelativeLayout>
```

(2) 程序设计

```
------------------------ 省略导包部分代码 ------------------------
public class MainActivity extends Activity {
    // (1) 定义成员变量
    private String[]weekday = new String[] {
                "星期一","星期二","星期三",
                "星期四","星期五","星期六","星期日" };  // 数据源
    private ListView Lv; // 用于显示选择结果的ListView
    private Button BtnMultiChoice;
    @Override
    protected void onCreate(Bundle savedInstanceState) {
        super.onCreate(savedInstanceState);
        setContentView(R.layout.activity_main);
    // (2) 引用组件
    BtnMultiChoice = (Button) findViewById(R.id.BtnMultiChoice);
    // (3) 为按钮设置监听器
    BtnMultiChoice.setOnClickListener(new OnClickListener() {
            @Override
            public void onClick(View arg0) {
                // TODO Auto-generated method stub
                // (4) 多选列表对话框显示
                showMultiChoiceItems();
            }
        });
    }
    // (4) 多选列表对话框显示
    private void showMultiChoiceItems() {
        // 新建 并实例化 AlertDialog.Builder
        AlertDialog builder = new AlertDialog.Builder(this)
    .setTitle("请选择日期:")
        .setMultiChoiceItems(
```

```
                    weekday,
                    new boolean[] { false, false, false,
                                false, false,false, false },
                    new OnMultiChoiceClickListener() {
                        @Override
                    public void onClick(DialogInterface dialog,
                                int which, boolean isChecked) {
                        // TODO Auto-generated method stub
                        }
                    })
            .setPositiveButton("确定",
                    new DialogInterface.OnClickListener() {
    @Override
    public void onClick(DialogInterface dialog, int which) {
    String s = "您选择了:";
    // 扫描所有的列表项,
    //如果当前列表项被选中,将列表项的文本追加到 s 变量中。
    for (int i = 0; i < weekday.length; i++) {
        if (Lv.getCheckedItemPositions().get(i)) {
                s += i + ":" + Lv.getAdapter().getItem(i) + " ";
        }
    }
    // 用户至少选择了一个列表项
    if (Lv.getCheckedItemPositions().size() > 0) {
        new AlertDialog.Builder(MainActivity.this)
                .setMessage(s).show();
    }
    // 用户未选择任何列表项
    else if (Lv.getCheckedItemPositions().size() <= 0) {
            new AlertDialog.Builder(MainActivity.this)
                        .setMessage("您未选择任何日期").show();
    }
  }// onClick(DialogInterface dialog, int which)
})
.setNegativeButton("取消", null).create();
// 获取列表视图
Lv = builder.getListView();
// 显示对话框
builder.show();
}
```

```
    @Override
    public boolean onCreateOptionsMenu(Menu menu) {
        // Inflate the menu; this adds items to the action bar if it is present.
        getMenuInflater().inflate(R.menu.main, menu);
        return true;
    }
}
```

(3) 运行程序

在模拟器中运行程序,效果如图 3-37 和图 3-38 所示。

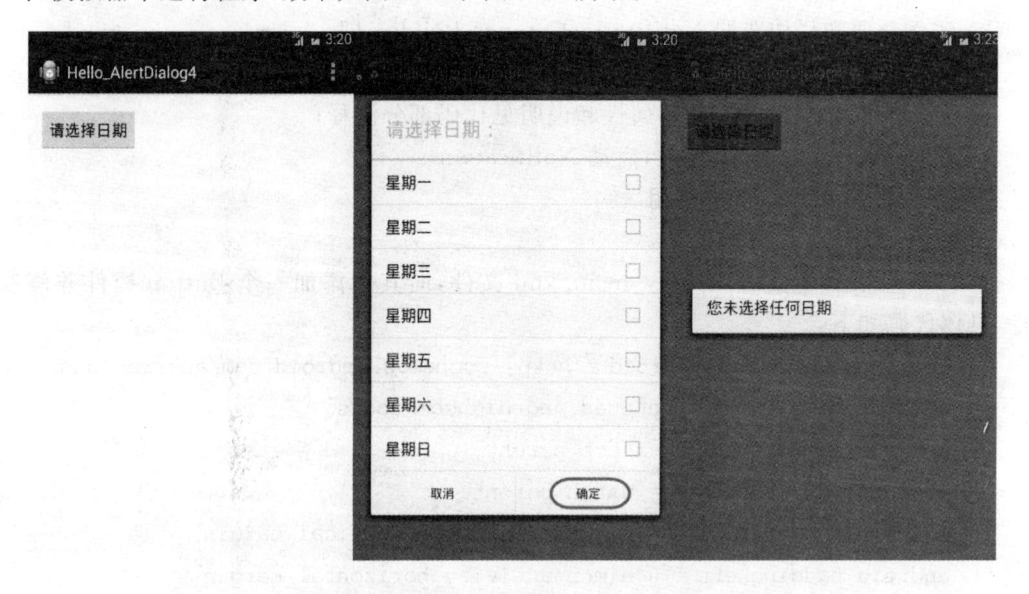

图 3-37　多选列表对话框实例运行效果(1)

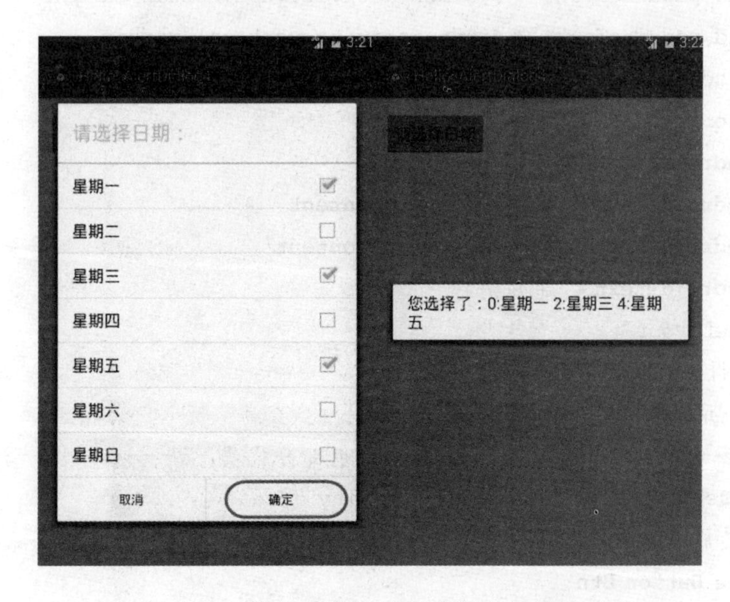

图 3-38　多选列表对话框实例运行效果(2)

2. Notification 控件

当有短信或者未接电话时，Android 手机的状态栏就会显示一个小的图标，可以滑下状态栏，单击图标这一栏，就会跳转到相应的界面，之后这个图标将会消失。在 Android 系统中是通过 NotificationManager 来管理这些东西的。

创建 Notification 的步骤：

（1）获取状态通知栏管理。通过 getSystemService 方法获得一个 NotificationManager 对象，即：

NotificationManager mNotificationManager =（NotificationManager）getSystemService（NOTIFICATION_SERVICE）；

（2）实例化通知栏构造器 NotificationCompat. Builder，即：

NotificationCompat. Builder mBuilder = new NotificationCompat. Builder(this)；

（3）对 Builder 进行配置，具体属性和说明见代码部分注释；

（4）使用 manager. notify 函数，启动 Notification。

实例 3-14　Notification 的使用

（1）界面设计

打开 res/layout 下面的 activity_main. xml 文件，向其中添加一个 Button 控件并修改其属性，具体代码如下：

```
<RelativeLayout xmlns:android="http://schemas.android.com/apk/res/android"
    xmlns:tools="http://schemas.android.com/tools"
    android:layout_width="match_parent"
    android:layout_height="match_parent"
    android:paddingBottom="@dimen/activity_vertical_margin"
    android:paddingLeft="@dimen/activity_horizontal_margin"
    android:paddingRight="@dimen/activity_horizontal_margin"
    android:paddingTop="@dimen/activity_vertical_margin"
    tools:context=".MainActivity" >
    <Button
        android:id="@+id/Bt1"
        android:layout_width="wrap_content"
        android:layout_height="wrap_content"
        android:text="通知消息" />
</RelativeLayout>
```

（2）程序设计

源代码如下所示。

```
------------------------ 省略导包部分代码 ----------------------
public class MainActivity extends Activity {
    // 定义成员变量
    private Button Btn;
    private Context context = this;
    private NotificationManager manager;
```

```
    private Bitmap icon;
    private static int messageNum = 0;
    private static final int NOTIFICATION_ID_1 = 0;     // Notification 的 id 值
    @Override
    protected void onCreate(Bundle savedInstanceState) {
        super.onCreate(savedInstanceState);
        setContentView(R.layout.activity_main);
        // 引用组件
        Btn = (Button) findViewById(R.id.Bt1);
        // 设置监听器
        Btn.setOnClickListener(new OnClickListener() {
            @Override
              public void onClick(View arg0) {
                  // TODO Auto-generated method stub
                  showNormal();
              }
        });
        // (1) 获取通知服务
        // 创建 NotificationManager,
        //其中创建的 manager 对象负责“发出”与“取消” Notification
        manager = (NotificationManager)
getSystemService(Context.NOTIFICATION_SERVICE);
        // 下拉列表里面的图标(大图标)对应的位图图片
        icon = BitmapFactory.decodeResource(getResources(),
                R.drawable.ic_launcher);
    }
    // 通知消息
    private void showNormal() {
      // (2)实例化通知栏构造器 NotificationCompat.Builder:
      Notification notification = new NotificationCompat.Builder(context)
              .setLargeIcon(icon)// 下拉列表里面的图标(大图标)
              .setSmallIcon(R.drawable.ic_launcher)
                                    // 设置状态栏里面的图标(小图标)
              .setTicker("测试通知来啦")
    // 设置状态栏的显示的信息:通知首次出现在通知栏,带上升动画效果的
              .setContentInfo("通知消息")
                                    // 设置在状态栏右侧显示的文本
              .setContentTitle("通知标题")
                                    // 设置下拉列表里的标题
              .setContentText("通知内容")
```

```
                                    // 设置上下文内容

            .setNumber( ++ messageNum) // 设置通知集合的数量

            .setAutoCancel(true)
              // 设置这个标志，当用户单击面板就可以让通知将自动取消
            .setDefaults(Notification.DEFAULT_ALL)
              // 向通知添加声音、闪灯和振动效果等属性。
              //这里使用默认(defaults)属性，可以组合多个属性
            .build();
        // 调用 NotificationCompat.Builder.build()来创建通知
    // (3) 启动 Notification,
  //调用 NotificationManager.notify()来发送通知
    // 参数 1:在程序中标识 Notification 的 id 值
    //        (用来区分同一程序中的不同 Notification,
    // 参数 2:要通知的 Notification。
    manager.notify(NOTIFICATION_ID_1, notification);
}
@Override
public boolean onCreateOptionsMenu(Menu menu) {
    // Inflate the menu; this adds items to the action bar if it is present.
    getMenuInflater().inflate(R.menu.main, menu);
    return true;
  }
}
```

(3) 运行程序

在模拟器中运行程序，效果如图 3-39 和图 3-40 所示。

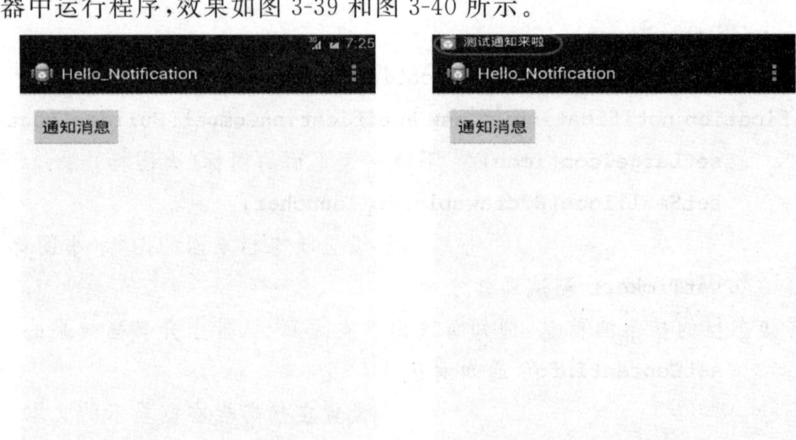

图 3-39　Notification 运行效果图 1

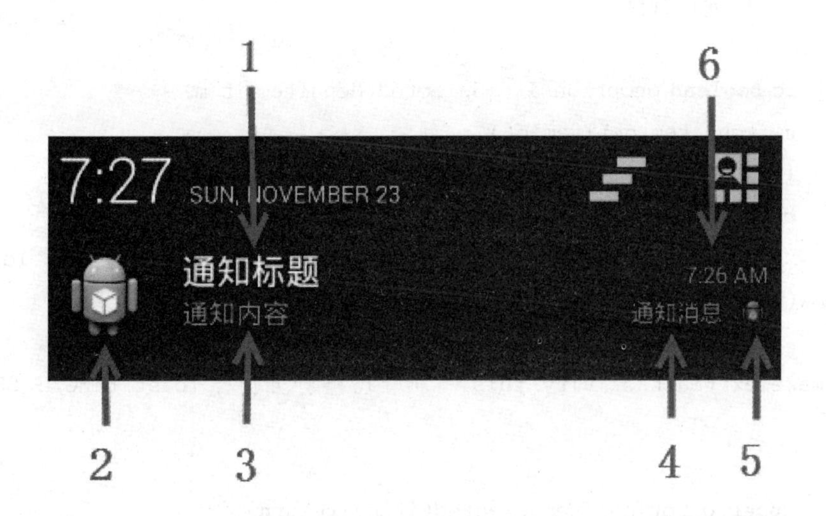

图 3-40 Notification 运行效果图 2

【说明】:图 3-40 中,1:通知标题;2:大图标;3:通知内容;4:通知消息;5:小图标;6:通知的时间,一般为系统时间,也可以使用 setWhen()设置。

3.3.2 Menu 控件

1. Menu 的基本属性

Android 中菜单的设计对于人机交互是非常人性化的。菜单提供了不同功能分组展示的能力,菜单共包括以下几种:选项菜单(Option Menu),上下文菜单(Context Menu),子菜单(Sub Menu)。下面我们分别来阐述它们。

2. 选项菜单(Option Menu)

不管在模拟器还是真机上面都有一个 Menu 按键,单击该按键后就会弹出一个菜单,此菜单就是选项菜单。选项菜单的菜单项最多只能有 6 个,如果超过 6 个,系统会将最后一个菜单项显示为"更多",单击"更多"按钮时会展开隐藏的菜单。在开发程序时,也经常会用到选项菜单,下面通过一个实例说明如何创建自己的选项菜单。在玩游戏时,对于声音的控制可以采用选项菜单。

创建菜单的步骤如下:

(1) 覆盖方法:onCreateOptionsMenu,通过 Menu 中的一个 add 方法新建菜单并且添加菜单项。

```
@Override
    public boolean onCreateOptionsMenu(Menu menu) {
        getMenuInflater().inflate(R.menu.main, menu);
        menu.add(0,0,0,"声音:关");
        menu.add(0,1,0,"声音:开");
        return super.onCreateOptionsMenu(menu);
    }
```

(2) 单击每一个菜单项,可以进行相应的操作,需要覆盖方法 onOptionsItemSelected,根据每一个菜单的 ID 进行判断。

```
    @Override
        public boolean onOptionsItemSelected(MenuItem item) {
            switch(item.getItemId())
            {
            case 0:
                    Toast.makeText(MainActivity.this,"声音已经关闭!!", Toast.LENGTH
_SHORT).show();break;
                    case 1:
    Toast.makeText(MainActivity.this,"声音已经打开!!", Toast.LENGTH_SHORT).show
();break;
            }
            super.onOptionsItemSelected(item);return
      }
```

运行效果如图 3-41 所示。

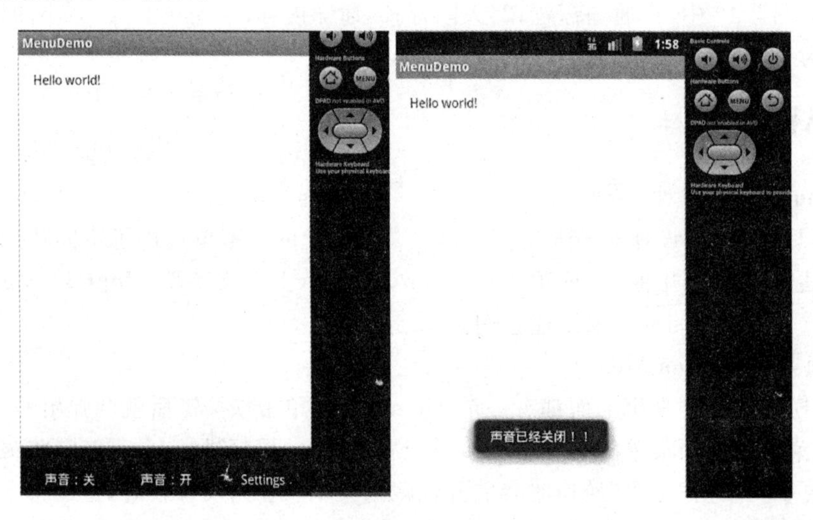

图 3-41　选项菜单实例运行效果

选项菜单的创建很简单，用的也非常多，它的创建和对其进行操作只要覆盖两个方法：onCreateOptionsMenu 和 onOptionsItemSelected。

3. 子菜单(Sub Menu)

子菜单对我们来说应该很常见，如 Windows 中的"文件"菜单，菜单中又包含有"新建"、"打开"、"关闭"等菜单。在 Android 中子菜单也比较常见，在"String"中可以看到一些相同类型或者功能相同的分组放在一起，这也是子菜单。所以子菜单就是将相同功能的分组进行多级显示的一种菜单。创建子菜单有以下几个步骤。

(1) 覆盖 Activity 中的 onCreateOptionsMenu 方法，调用 Menu 的 addSubMenu 方法来添加子菜单。

(2) 调用 SubMenu 的 add 方法，添加子菜单。

(3) 覆盖 onContextItemSeleted 方法，响应子菜单的事件。

下面通过一个例子说明这些方法的具体应用：

```
@Override
    public boolean onCreateOptionsMenu(Menu menu) {
        SubMenu file = menu.addSubMenu("文件");
        SubMenu editor = menu.addSubMenu("编辑");
        file.add(0,0,0,"新建文件");
        file.add(0,1,0,"打开文件");
        return true;
    }
@Override
    public boolean onOptionsItemSelected(MenuItem item) {
        switch(item.getItemId())
        {
        case 0:
            setTitle("新建文件");
            break;
        case 1:
            setTitle("打开文件");
            break;
            default:
                break;
        }
        return super.onOptionsItemSelected(item);
    }
```

运行效果如图 3-42 所示。

图 3-42　子菜单运行效果

3.3.3 进度条菜单：ProgressBar 控件

程序在处理某些大的数据时，在加载这些数据时会一直停在某一界面，此时最好使用进度条。在 Android 系统中有两种进度条：一种是圆形进度条；另一种是方形进度条。进度条的用途很多，如在登录时，有可能比较慢，可以通过进度条进行提示，同时也可以对窗口设置进度条。下面来分析进度条的不同类型。

首先来看一下布局文件，代码如下：

```
<LinearLayout xmlns:android = "http://schemas.android.com/apk/res/android"
    xmlns:tools = "http://schemas.android.com/tools"
    android:layout_width = "fill_parent"
    android:layout_height = "fill_parent"
    android:background = "#e88865"
    android:orientation = "vertical">
    <TextView
        android:layout_width = "fill_parent"
        android:layout_height = "wrap_content"
        android:textColor = "#000000"
        android:textSize = "18dip"
        android:text = "进度条实例" />
    <ProgressBar
        android:id = "@ + id/pBar"
        android:layout_width = "230dip"
        android:layout_height = "wrap_content"
        style = "? android:attr/progressBarStyleHorizontal" />
    <ProgressBar
       android:id = "@ + id/pBar1"
        android:layout_width = "wrap_content"
       android:layout_height = "wrap_content"
       style = "? android:attr/progressBarStyleLarge"
       android:max = "100"
       android:progress = "40"
       android:secondaryProgress = "70" />
    <Button
      android:id = "@ + id/button"
      android:layout_width = "wrap_content"
      android:layout_height = "wrap_content"
      android:text = "增加" />
  </LinearLayout>
```

上述布局文件中，id 为 pBar 表示的是方形进度条，通过属性 style="? android:attr/progressBarStyleHorizontal"进行设置；id 为 pBar1 表示的是圆形进度条，通过 style="? android:

attr/progressBarStyleLarge"进行设置；android：max 设置的是它的最大值；android：progress 属性设置的是当前值。

进度条可以通过线程来控制它的变化，下面通过单击按钮来增加它的值。通过单击按钮和线程控制，进度条的值就会增加到最大，代码如下：

```
but.setOnClickListener(new OnClickListener() {
            @Override
            public void onClick(View v) {
                progressBar.setMax(100);
                progressBar.setProgress(0);
                new Thread(new changeValue()).start();
            }
        });
  }
  @Override
  public boolean onCreateOptionsMenu(Menu menu) {
      // Inflate the menu;
      //this adds items to the action bar if it is present.
      getMenuInflater().inflate(R.menu.main, menu);
      return true;
  }
private Handler handler = new Handler()
{  private int counter;
   public void handleMessage(Message msg)
  {
      switch(msg.what)
      {
      case 0:
          Toast.makeText(MainActivity.this,
          "已经是最大值", Toast.LENGTH_SHORT).show();
          Thread.currentThread().interrupt();
          break;
      case 1:
          progressBar.setProgress(counter);
          setProgress(counter * 100);
          break;
          default:
                  Break;
        }
  }};
class changeValue implements Runnable
```

```
{
    @Override
    public void run() {

for(int i = 0;i<10;i ++ )
            {
            try {
                    int counter  =  (i + 1) * 20;
                    Thread.sleep(1000);
                    if(i == 4)
                    {
                        Message msg = new Message();
                        msg.what = 0;
                        handler.sendMessage(msg);
                    }else
                    {
                        Message message = new Message();
                        message.what = 1;
                        handler.sendMessage(message);
                    }
                } catch (InterruptedException e) {
                    // TODO Auto-generated catch block
                    e.printStackTrace();
            }}
             }
             }
        }
```

代码中通过一个类实现 Runnable 接口，控制进度条的值改变，并且当达到最大时，发送一个 Message 进行提示。运行效果图 3-43 所示。

3.4 界面布局

前面说过每个控件在 ViewGroup 类中都有一个具体的位置和大小，在 ViewGroup 类中摆放各种控件时，如何判断其具体位置和大小呢？Android 提供了一种叫作布局管理器的方法来安排展示控件。通过布局管理器，可以很方便地在 ViewGroup 中控制各控件的位置和大小，以便有效地管理整个界面的布局。Android 中主要提供了线性布局、相对布局、表格布局、帧布局、绝对布局 5 种管理器。

图 3-43　控制进度条

3.4.1　线性布局

线性布局是 Android 低版本开发时的默认布局，线性布局的作用是将所有的控件按照横向或者纵向有序地排列。这里要说明线性布局的一个重要的属性——android:orientat，该属性的作用是指定本线性布局下的控件排列方向，如果设置为“Horizontal”则表示水平，方向从左向右，如果设置为“Vertical”则表示垂直，方向从上到下。

在线性布局中，每一行（针对垂直排列）或每一列（针对水平排列）中只能放置一个控件，并且 Android 的线性布局不会换行，当控件一个挨着一个排列到窗口的边缘后，剩下的控件将不会被显示出来。

新建一个 Android 工程，可以看到默认的布局是相对布局，现在把相对布局关键字 RelativeLayout 换成线性布局的关键字 LinearLayout，再添加两个文本框 TextView。

```
<LinearLayout
                        ...... >
    <TextView
        android:layout_width = "wrap_content"
        android:layout_height = "wrap_content"
        android:text = "@string/hello_world" />
    <TextView
        android:layout_width = "wrap_content"
        android:layout_height = "wrap_content"
        android:text = "@string/hello_world" />
    <TextView
        android:layout_width = "wrap_content"
        android:layout_height = "wrap_content"
        android:text = "@string/hello_world" />
```

```
</LinearLayout>
```

可以看到效果如图 3-44 所示。

图 3-44 线性布局运行效果

从图 3-44 中可以看出，默认的线性布局是水平排列的。如果想让这几个文本框垂直排列，那么应该增加一行代码。

```
<LinearLayout
    android:orientation="vertical"
    ...... >
    <TextView
        android:layout_width="wrap_content"
        android:layout_height="wrap_content"
        android:text="@string/hello_world" />
    ......
</LinearLayout>
```

显示的效果如图 3-45 所示。

3.4.2 相对布局

再看第 2 章中讲到的布局文件 activity_main.xml，其中第 1 行和第 15 行就是相对布局元素<RelativeLayout></RelativeLayout>。相对布局是指按照控件之间的相对位置进行布局，如某一个控件在另一个控件的左边、右边、上面或下面等。

上一小节讲了 TextView 控件，本节讲相对布局，至少需要两个及以上的控件才能有相对的概念。如何添加控件呢，前面讲过在 XML 文件中其实是根元素下各个元素之间进行嵌套，例如我们要在布局文件中添加 TextView，那么最简单的办法就是复制 TextView 元素从开始标签到结束标签的代码。

图 3-45　线性布局垂直排列运行效果

观察下面的代码，添加了两个 TextView 控件。

```
<RelativeLayout
                              ……>
    <TextView
        android:layout_width="wrap_content"
        android:layout_height="wrap_content"
        android:text="@string/hello_world" />
    <TextView
        android:layout_width="wrap_content"
        android:layout_height="wrap_content"
        android:text="@string/hello_world" />
    <TextView
        android:layout_width="wrap_content"
        android:layout_height="wrap_content"
        android:text="@string/hello_world" />
</RelativeLayout>
```

将代码编辑窗口切换到 Graphical Layout，发现在应用界面上还是显示一行字。这是什么原因呢？原因很简单，是由于 3 个文本框都是相对于同一个位置布局的，因此它们的位置一样，3 个文本框是重合的。不妨将 3 个文本框显示的内容改一下。

```
    <TextView
        android:layout_width="wrap_content"
        android:layout_height="wrap_content"
        android:text="你好" />
    <TextView
```

```
        android:layout_width="wrap_content"
        android:layout_height="wrap_content"
        android:text="           邮专" />
    <TextView
        android:layout_width="wrap_content"
        android:layout_height="wrap_content"
        android:text="                    电信" />
```

此时，看运行结果，还是在同一行上。说明它们的位置确实一样。那么怎么才能将它们的位置分开呢？首先，要区分开这 3 个控件，这里使用一个 id 属性。

android:id

这个属性就是为控件添加身份证明，使用“@”和“+”表示增加 id 标识。例如：为 TextView 添加 id 为 Tv1，代码为 android:id="@+id/Tv1"。

这里设置 5 个文本框，为它们添加 id，并让其显示“东”、“南”、“西”、“北”、“中”。

```
    <TextView
        android:id="@+id/Tv1"
        android:layout_width="wrap_content"
        android:layout_height="wrap_content"
        android:text="中" />
    <TextView
        android:id="@+id/Tv2"
        android:layout_width="wrap_content"
        android:layout_height="wrap_content"
        android:text="北" />
    <TextView
        android:id="@+id/Tv3"
        android:layout_width="wrap_content"
        android:layout_height="wrap_content"
        android:text="南" />
    <TextView
        android:id="@+id/Tv4"
        android:layout_width="wrap_content"
        android:layout_height="wrap_content"
        android:text="东" />
    <TextView
        android:id="@+id/Tv5"
        android:layout_width="wrap_content"
        android:layout_height="wrap_content"
        android:text="西" />
```

此时在包浏览器中，gen 目录下的 R.java 文件中，id 资源中增加了我们刚添加的 3 个 id 号。系统自动添加到资源索引列表中了。下面介绍如何使用 id 号，请观察图 3-46。

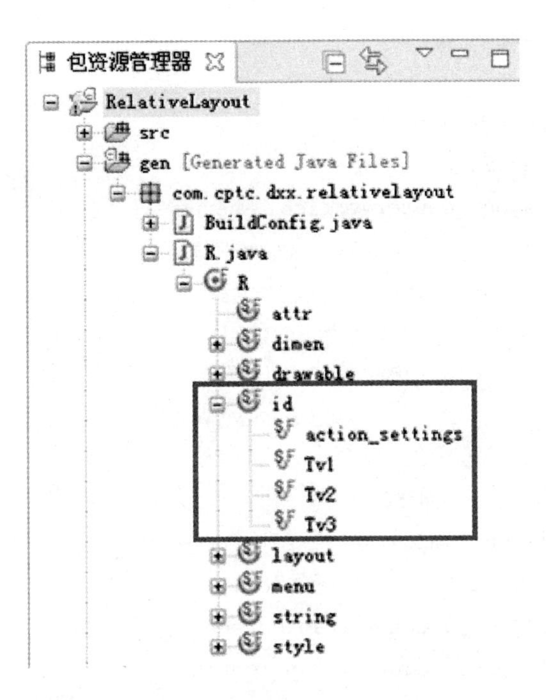

图 3-46　包资源中的 id 文件夹

假设现在要做一个指南针的应用,用汉字“东西南北中”来指示方向,需要把 5 个文本框按照方位布局。我们看一下代码。

```
<TextView
    android:id = "@ + id/Tv1"
    android:textSize = "50dp"
    android:layout_centerInParent = "true"
    android:layout_width = "wrap_content"
    android:layout_height = "wrap_content"
    android:text = "中" />
<TextView
    android:id = "@ + id/Tv2"
    android:textSize = "50dp"
    android:layout_centerHorizontal = "true"
    android:layout_above = "@id/Tv1"
    android:layout_width = "wrap_content"
    android:layout_height = "wrap_content"
    android:text = "北" /><TextView
    android:id = "@ + id/Tv3"
    android:textSize = "50dp"
    android:layout_centerHorizontal = "true"
    android:layout_below = "@id/Tv1"
    android:layout_width = "wrap_content"
    android:layout_height = "wrap_content"
```

```
        android:text = "南" />
    <TextView
        android:id = "@ + id/Tv4"
        android:textSize = "50dp"
        android:layout_centerVertical = "true"
        android:layout_toRightOf = "@id/Tv1"
        android:layout_width = "wrap_content"
        android:layout_height = "wrap_content"
        android:text = "东" />
    <TextView
        android:id = "@ + id/Tv5"
        android:textSize = "50dp"
        android:layout_centerVertical = "true"
        android:layout_toLeftOf = "@id/Tv1"
        android:layout_width = "wrap_content"
        android:layout_height = "wrap_content"
        android:text = "西" />
```

看一下在模拟器中运行的效果,如图 3-47 所示。

图 3-47　指南针运行效果

这里总结一下相对布局中常用的属性及其赋值,如表 3-3 所示。

表 3-3　相对布局常用属性

属性	描述	赋值
android:layout_centerInParent	在父视图正中心	true/false
android:layout_centerHorizontal	在父视图水平中心	true/false
android:layout_centerVertical	在父视图垂直中心	true/false

续 表

属性	描述	赋值
android:layout_alignParentBottom	紧贴父视图底部	true/false
android:layout_alignParentTop	紧贴父视图顶部	true/false
android:layout_alignParentLeft	紧贴父视图左部	true/false
android:layout_alignParentRight	紧贴父视图右部	true/false
android:layout_alignTop	与指定控件顶部对齐	@id/****
android:layout_alignBottom	与指定控件底部对齐	@id/****
android:layout_alignLeft	与指定控件左侧对齐	@id/****
android:layout_alignRight	与指定控件右侧对齐	@id/****
android:layout_above	在指定控件上方	@id/****
android:layout_below	在指定控件下方	@id/****
android:layout_toRightOf	在指定控件右方	@id/****
android:layout_toLeftOf	在指定控件左方	@id/****

3.4.3 表格布局

表格布局管理器与常见的表格类似，它以行、列的形式来管理放入其中的 UI 控件。表格布局使用<TableLayout>标记定义。在表格布局管理器中，可以添加多个<TableRow>标记，每个<TableRow>标记占用一行。由于<TableRow>标记也是容器，所以在该标记中还可以添加其他的控件，在<TableRow>标记中，每添加一个控件，表格就会增加一列。在表格布局管理器中，列可以被隐藏，也可以被设置为伸展，从而填充可利用的屏幕空间，也可以设置为强制收缩，直到表格匹配屏幕大小。

在 Android 中，可以在 XML 布局文件中定义表格布局管理器，也可以从 Java 代码来创建。推荐使用在 XML 中定义表格布局管理器。在 XML 布局文件中定义表格布局管理器的基本语法格式如图 3-48 所示。

```
<TableLayout xmlns:android="http://schemas.android.com/apk/res/android"
  <TableRow  属性列表>需要添加的UI组件</TableRow>
   <!--  多个<TableRow>-->
</RelativeLayout>
```

图 3-48 表格布局管理器的基本语法格式

实例 3-15 表格布局管理器的练习

修改新建项目的 **res/layout** 目录下的布局文件 **main.xml**，将默认添加的布局代码删除，然后添加一个<**TableLayout**>表格布局管理器，并且在该布局管理器中，添加 3 个<**TableRow**>表格行，接下来再在每个表格行中添加用户登录界面相关控件，最后设置表格的第一行和第四列允许被拉伸。修改后的代码如下：

```
<TableLayout xmlns:android = "http://schemas.android.com/apk/res/android"
    android:id = "@ + id/tableLayout1"
    android:layout_width = "fill_parent"
    android:layout_height = "fill_parent"
```

```
android:gravity="center_vertical"
android:stretchColumns="0,3">
<!-- 第一行 -->
<TableRow
    android:id="@+id/tableRow1"
    android:layout_width="wrap_content"
    android:layout_height="wrap_content">
    <TextView />
    <TextView
        android:id="@+id/textView1"
        android:layout_width="wrap_content"
        android:layout_height="wrap_content"
        android:text="用户名:"
        android:textSize="24px" />
    <EditText
        android:id="@+id/editText1"
        android:layout_width="wrap_content"
        android:layout_height="wrap_content"
        android:minWidth="200px"
        android:textSize="24px" />
    <TextView />
</TableRow>
<!-- 第二行 -->
<TableRow
    android:id="@+id/tableRow2"
    android:layout_width="wrap_content"
    android:layout_height="wrap_content">
    <TextView />
    <TextView
        android:id="@+id/textView2"
        android:layout_width="wrap_content"
        android:layout_height="wrap_content"
        android:text="密码:"
        android:textSize="24px" />
    <EditText
        android:id="@+id/editText2"
        android:layout_width="wrap_content"
        android:layout_height="wrap_content"
        android:inputType="textPassword"
        android:textSize="24px" />
    <TextView />
</TableRow>
```

```
    <!-- 第三行 -->
    <TableRow
        android:id="@+id/tableRow3"
        android:layout_width="wrap_content"
        android:layout_height="wrap_content" >
        <TextView />
        <Button
            android:id="@+id/button1"
            android:layout_width="wrap_content"
            android:layout_height="wrap_content"
            android:text="登录" />
        <Button
            android:id="@+id/button2"
            android:layout_width="wrap_content"
            android:layout_height="wrap_content"
            android:text="退出" />
        <TextView />
    </TableRow>
</TableLayout>
```

运行实例如图 3-49 所示。

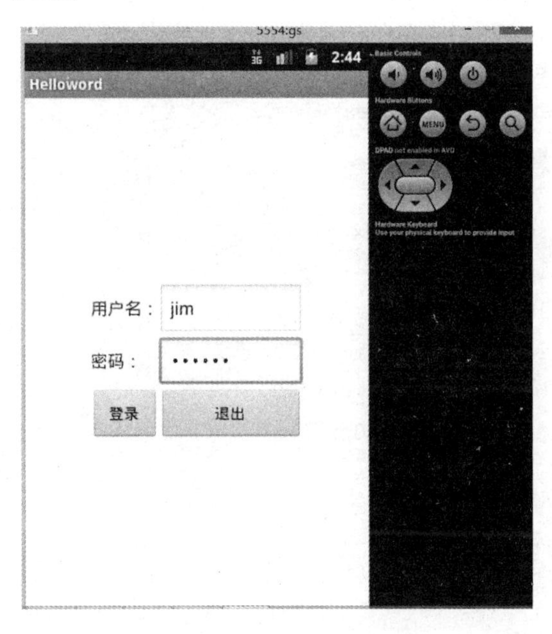

图 3-49　表格布局运行效果

3.4.4　帧布局

FrameLayout 是五大布局中最简单的一个布局，在这个布局中，整个界面被当成一块空白备用区，所有的子元素都不能被指定放置的位置，它们统统放于这块区域的左上角，并且后面的子元素直接覆盖在前面的子元素之上，将前面的子元素部分或全部遮挡。

实例 3-16　帧布局 FrameLayout 的使用

代码如下：

```
<FrameLayout xmlns:android="http://schemas.android.com/apk/res/android"
    xmlns:tools="http://schemas.android.com/tools"
    android:id="@+id/FrameLayout1"
    android:background="#ffffff"
    android:layout_width="fill_parent"
    android:layout_height="fill_parent">
    <TextView
        android:id="@+id/TextView1"
        android:layout_width="200px"
        android:layout_height="200px"
        android:text="文本框一"
        android:textColor="#0000ff"
        android:background="#ffff00">
        </TextView>
    <TextView
        android:id="@+id/TextView2"
        android:layout_width="150px"
        android:layout_height="150px"
      android:background="#ff00ff"
      android:text="@+id/TextView02" >
     </TextView>
    <TextView
        android:id="@+id/TextView3"
        android:layout_width="100px"
        android:layout_height="100px"
        android:layout_marginTop="30px"
        android:background="#00ff00"
        android:paddingTop="30px">
        </TextView>
</FrameLayout>
```

程序运行效果如图 3-50 所示。

3.4.5　绝对布局

绝对布局（AbsoluteLayout）视图是指为该布局内的所有子视图指定一个绝对的坐标。绝对布局为每个视图指定的坐标点就是以矩形区域的左上角为基准，坐标的形式是（x 轴坐标，y 轴坐标）。下面将通过观察实例来学习绝对布局的使用方法。

实例 3-17　练习绝对布局

代码如下：

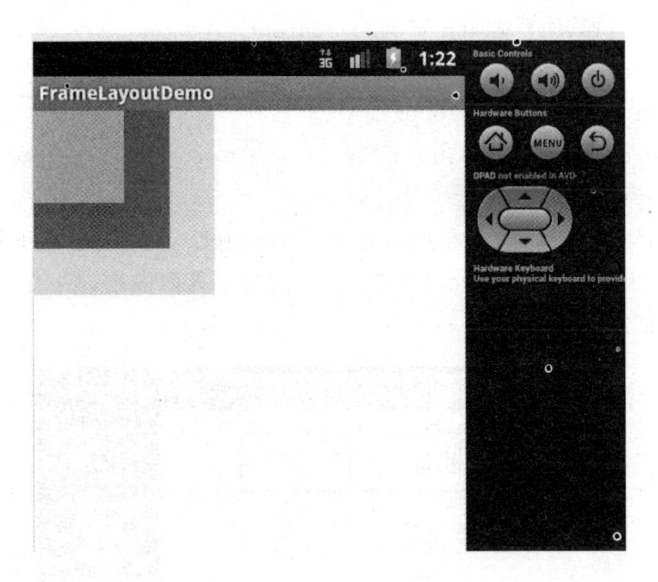

图 3-50　帧布局运行效果

```
<AbsoluteLayout xmlns:android="http://schemas.android.com/apk/res/android"
    xmlns:tools="http://schemas.android.com/tools"
    android:layout_width="fill_parent"
    android:layout_height="fill_parent" >
    <TextView
        android:id="@+id/textView"
        android:layout_width="wrap_content"
        android:layout_height="wrap_content"
        android:text="坐标:(0,0)"
        android:layout_x="0px"
        android:layout_y="0px"
        android:textSize="25sp" />
    <EditText
        android:id="@+id/editText"
        android:layout_width="wrap_content"
        android:layout_height="wrap_content"
        android:text="坐标:(150,20)"
        android:layout_x="150px"
        android:layout_y="20px"/>
    <AnalogClock
        android:layout_width="wrap_content"
        android:layout_height="wrap_content"
        android:layout_x="50px"
        android:layout_y="100px"/>
    <DigitalClock
```

```
        android:layout_width = "wrap_content"
        android:layout_height = "wrap_content"
        android:layout_x = "200px"
        android:layout_y = "300px"/>
</AbsoluteLayout>
```

通过阅读代码,可以发现,绝对布局就是在 AbsoluteLayout 根节点下将若干视图作为子节点,并赋予各自的 layout_x 和 layout_y 属性,就完成了界面的搭建工作。

程序运行效果如图 3-51 所示。

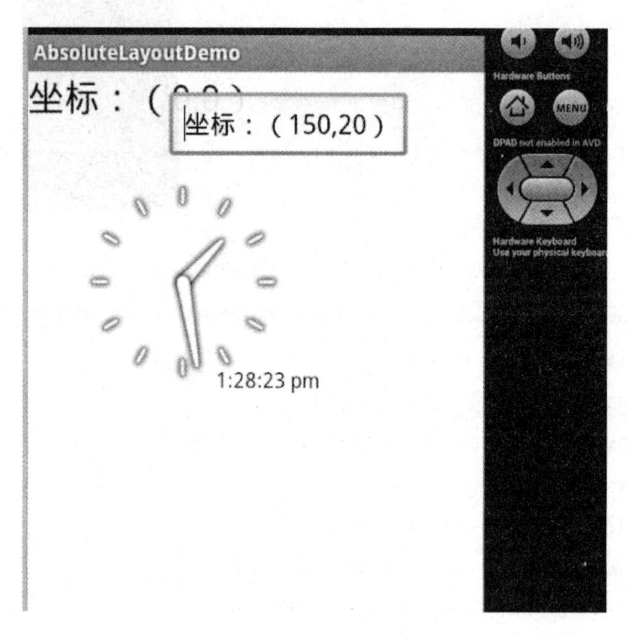

图 3-51　绝对布局运行效果

3.4.6　布局嵌套

在 Android 布局文件中,可以有一个布局嵌套一个布局,达到要实现的页面布局。

实例 3-18　练习布局嵌套

代码如下:

```
<LinearLayout xmlns:android = "http://schemas.android.com/apk/res/android"
   android:orientation = "vertical"
   android:layout_width = "fill_parent"
   android:layout_height = "fill_parent" >
      <LinearLayout
        android:orientation = "horizontal"
        android:layout_width = "fill_parent"
        android:layout_height = "fill_parent"
        android:layout_weight = "1">
        <TextView
```

```
        android:text = "red"
        android:gravity = "center_horizontal"
        android:background = "#aa0000"
        android:layout_width = "wrap_content"
        android:layout_height = "fill_parent"
        android:layout_weight = "1"/>
    <TextView
        android:text = "green"
        android:gravity = "center_horizontal"
        android:background = "#00aa00"
        android:layout_width = "wrap_content"
        android:layout_height = "fill_parent"
        android:layout_weight = "1"/>
    <TextView
        android:text = "blue"
        android:gravity = "center_horizontal"
        android:background = "#0000aa"
        android:layout_width = "wrap_content"
        android:layout_height = "fill_parent"
        android:layout_weight = "1"/>
    <TextView
        android:text = "yellow"
        android:gravity = "center_horizontal"
        android:background = "#aaaa00"
        android:layout_width = "wrap_content"
        android:layout_height = "fill_parent"
        android:layout_weight = "1"/>
</LinearLayout>
<LinearLayout
    android:orientation = "vertical"
    android:layout_width = "fill_parent"
    android:layout_height = "fill_parent"
    android:layout_weight = "1">
    <TextView
        android:text = "row one"
        android:textSize = "15pt"
        android:layout_width = "fill_parent"
        android:layout_height = "wrap_content"
        android:layout_weight = "1"/>
    <TextView
```

```
            android:text = "row two"
            android:textSize = "15pt"
            android:layout_width = "fill_parent"
            android:layout_height = "wrap_content"
            android:layout_weight = "1"/>
        <TextView
            android:text = "row three"
            android:textSize = "15pt"
            android:layout_width = "fill_parent"
            android:layout_height = "wrap_content"
            android:layout_weight = "1"/>
          <TextView
            android:text = "row four"
            android:textSize = "15pt"
            android:layout_width = "fill_parent"
            android:layout_height = "wrap_content"
            android:layout_weight = "1"/>
    </LinearLayout>
</LinearLayout>
```

运行效果如图 3-52 所示。

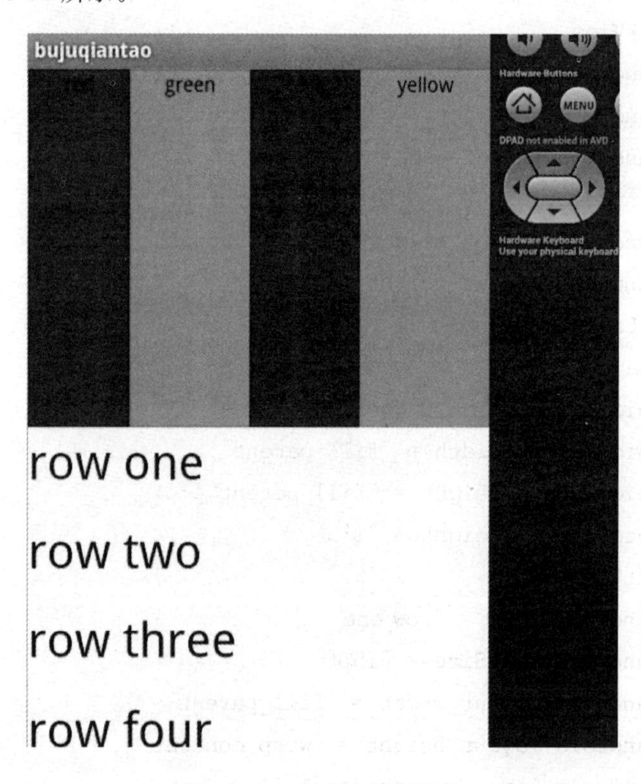

图 3-52　布局嵌套运行效果

本章小结

本章主要介绍了 Android 中的布局管理器，学习了 Android 的几大布局。同时介绍了 Android 的基本控件的使用方法以及事件的交互。这些知识能让我们合理地创建应用的界面，并实现基本的交互功能。

然而 Android 为我们提供的不仅仅是以上所介绍的控件，更多的控件需要大家在今后的学习中积累。只有掌握了更多控件的使用方法，才能让我们的程序在功能的实现上有更多、更好的选择。

练习题

3-1 在 Android 中，提供了四种控制 UI 界面的方法，分别是：__________，__________，__________，__________。

3-2 设置 TextView 中文本的字体颜色有两种方式，分别为__________和__________。

3-3 如何设置按钮的事件监听？

3-4 介绍 RadioButton 与 RadioGroup 的关系？

3-5 设计一个界面，上面包括两个按钮，ID 号分别为 Bt_reg 和 Bt_exit，当单击 Bt_reg 时，弹出提示(Toast)："请输入用户名"，显示的时间短一些；当单击 Bt_exit 时，弹出提示(Toast)："您确定要退出？"，显示时间长一些。

3-6 编程题：Android 程序界面如图所示，图中有三个单选按钮，在选中其中一个后，在"我的选择是"后面显示选中结果，如选择"通信企业"，则在最后一行显示"我的选择是：通信企业"。请写出实现该功能的源代码。

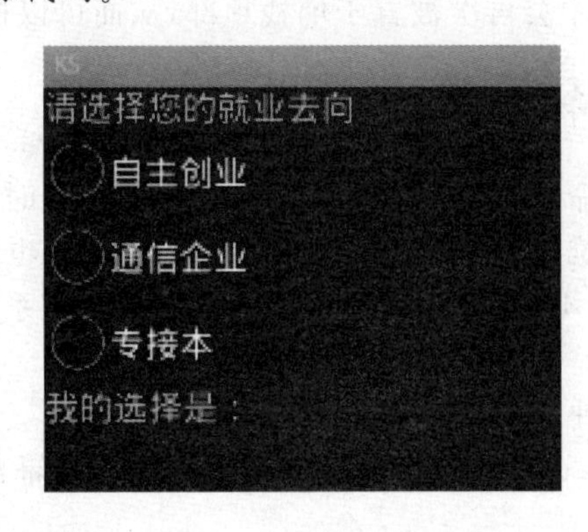

第4章　Android高级开发

【内容简介】

上章主要介绍了Android的基础开发，本章讲解Android的高级开发，主要介绍：Activity的生命周期；Android中Intent的使用；Android中的数据存储方式，包括文件存储、SQLite存储等；Android中的多媒体开发技术等。

【重点难点】

Intent的使用；SQLite存储；多媒体开发技术。

4.1　Activity

在前面的学习中已经了解到，Activity和用户界面息息相关，那么理解Activity是非常重要的。

4.1.1　Activity简介

Activity是Android程序图形用户界面的基本组成部件。Android程序由一个或者多个Activity类组成，而程序都是从Activity类开始执行，系统规定了Activity的生命周期有创建、开始、唤醒、暂停和销毁5种状态。Activity的生命周期交给系统统一管理。Android中所有的Activity都是平等的，通过堆栈来管理：当一个新的Activity开始时，它被放到堆栈的顶部，并成为运行的Activity，显示在用户界面上，而前一个Activity则移至其下方，只有当新的Activity退出后，原Activity才会再次被置于堆栈顶部，从而可以再次得以运行。

4.1.2　Activity的生命周期

维护一个Activity的生命周期非常重要，因为Activity随时会被系统回收掉。Android是一个支持多任务的操作系统，给用户带来了极大便利，不过这也有很大的隐患。如果在后台运行的程序太多，会导致内存不足，使得有些程序的Activity被系统销毁。Android中用生命周期来解决这个问题。

一个Activity有以下4种基本状态。

(1) 运行态(Running State)：此时Activity程序显示在屏幕前台，并且具有焦点，可以和用户的操作动作进行交互；

(2) 暂停态(Paused State)：此时Activity程序失去了焦点，并被其他处于运行态的Activity取代，在屏幕前台显示，如果切换后的Activity程序不能铺满整个屏幕窗口或者是本身具备透明效果，则该暂停态的Activity程序对用户仍然可见，但是不可以与其进行交互；

(3) 停止态(Stopped State)：停止态的Activity不仅没有焦点，而且是完全不可见，虽然其也保留状态和成员等信息，停止态的Activity会在系统需要的时候被结束。

(4) 销毁态(Killed Activity)：被系统杀死回收或者没有启动时处于Killed状态。Activi-

ty 为 Paused 或者 Stopped 状态，系统需要清理内存时，可以通过 finish 或者 kill 结束进程。当需要重新显示时，必须完全重新启动，并将其关闭之前的状态全部恢复。

当一个 Activity 实例被创建、销毁或者启动另一个 Activity 时，这 4 种状态之间会进行切换，这种切换取决于用户程序的动作，可以通过覆写 Activity 类中的相关方法来执行相应的操作，这些方法如表 4-1 所示。

表 4-1　Activity 程序的生命周期控制方法

No.	方法	类型	是否可关闭	描述
1	Protected void onCreate(Bundle savedInstanceState)	普通	不可以	当 Activity 程序启动之后会首先调用此方法
2	protected void onRestart()	普通	不可以	Activity 程序停止后再次显示给用户时调用
3	protected void onStart()	普通	不可以	当为用户第一次显示界面时调用此方法
4	protected void onResume()	普通	不可以	当获得用户焦点的时候调用此方法
5	protected void onPause()	普通	可以	当启动其他 Activity 程序时调用此方法，用于进行数据的提交、动画处理等操作
6	protected void onStop()	普通	可以	当一个 Activity 程序完全不可见时调用此方法，此时并不会销毁 Activity 程序
7	protected void onDestroy()	普通	可以	程序被销毁时调用，当调用 finish()方法或系统资源不够使用时将调用此方法

这 7 种方法分别对应着 Activity 的 7 种操作状态，执行流程如图 4-1 所示。

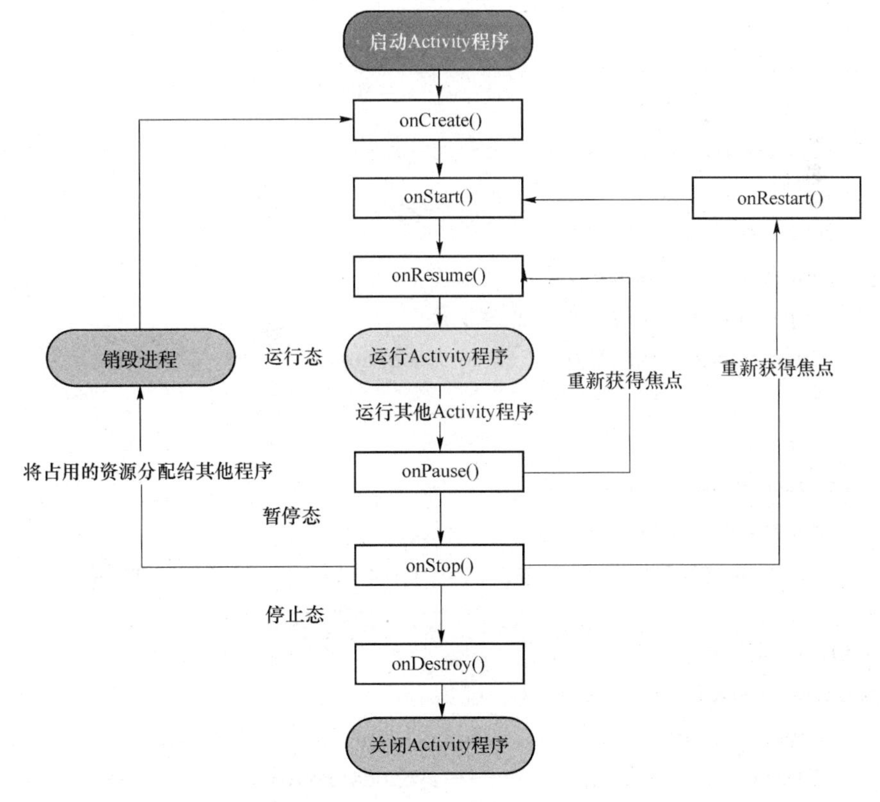

图 4-1　Activity 程序的生命周期

下面通过一个完整的程序来观察 Activity 的生命周期。在这个例子中,覆盖了 Activity 类中 7 个生命周期方法,通过输出日志的方式来观察相应的信息,实现代码如下:

```
----------------- 省略导包部分代码 -----------------
public class ActivityLife extends Activity {
    @Override
    public void onCreate(Bundle savedInstanceState) {
        super.onCreate(savedInstanceState);
        setContentView(R.layout.activity_activity_life);
        System.out.println("------>onCreate()-----------");
    }
    @Override
    protected void onStart() {
        super.onStart();
        System.out.println("------>onStart()-----------");
    }
    @Override
    protected void onResume() {
        super.onResume();
        System.out.println("------>onResume()-----------");
    }
    @Override
    protected void onRestart() {
        super.onRestart();
        System.out.println("------>onRestart()-----------");
    }
    @Override
    protected void onPause() {
        super.onPause();
        System.out.println("------>onPause()-----------");
    }
    @Override
    protected void onStop() {
        super.onStop();
        System.out.println("------>onStop()-----------");
    }
    @Override
    protected void onDestroy() {
        super.onDestroy();
        System.out.println("------>onDestroy()-----------");
    }
```

}

启动应用程序后，在 LogCat 中的信息如图 4-2 所示。

可以看到程序会依次执行 3 个生命周期方法：onCreate()、onStart()和 onResume()。其中的 onCreate()方法在 Activity 第一次创建时调用，在这里可以进行初始化操作。onStart()方法在 Activity 对用户即将可见时调用。onResume()方法在 Activity 即将与用户交互时调用，此时 Activity 进入栈顶。

继续操作，按下模拟器的拨号按钮，此时进入拨号界面，Activity 失去焦点。观察 LogCat 中的信息如图 4-3 所示。可以发现 Activity 在失去焦点之后会依次调用 onPause()、onStop()方法。onPause()在一个 Activity 启动另一个 Activity 时调用。onStop()方法在一个新的 Activity 启动、其他 Activity 被切换到前台、当前 Activity 被销毁时都会被调用。

按下返回键，重新返回到我们的 Activity，LogCat 中的信息如图 4-4 所示。可以看出，当 Activity 重新获得焦点后调用了 onRestart()、onStart()、onResume()方法。再次按下返回键，关闭 Activity。观察 LogCat 中的信息如图 4-5 所示。

容易发现关闭 Activity 后会依次调用 onPause()、onStop()、onDestroy()方法。onDestroy()方法是 Activity 被销毁前所调用的最后一个方法。

很多时候，在关闭一个 Activity 之后，用户会期望当它再次返回到那个 Activity 的时候，它仍然保持着上次离开时的样子。这时候就需要考虑如何保存 Activity。最好用 onPause()方法来保存在停止与用户交互前更改过的数据。

为方便记忆，我们进行一个形象的总结：onCreat()和 onDestroy()为一组，分别代表创建和销毁，onStart()和 onStop()为一组，分别代表可见和不可见，onResume()和 onPause()可以看作一组，分别代表有焦点和无焦点。最后剩下一个 onRestart()方法，在 onStop()以后却没有执行 onDestroy()方法时调用它，如果执行了 onDestroy()方法，则调用 onCreat()方法。这样一来，Activity 的生命周期条理就更加清晰了。

```
I   12-08 01:54:59.811   2449   2449   com.example.activ...   System.out   ------>onCreate()-----------
I   12-08 01:54:59.811   2449   2449   com.example.activ...   System.out   ------>onStart()-----------
I   12-08 01:54:59.821   2449   2449   com.example.activ...   System.out   ------>onResume()-----------
```

图 4-2　启动应用调用的方法

```
I   12-08 02:01:31.051   2449   2449   com.example.activ...   System.out   ------>onPause()-----------
I   12-08 02:01:35.401   2449   2449   com.example.activ...   System.out   ------>onStop()-----------
```

图 4-3　按下拨号键调用的方法

```
I   12-08 02:03:32.571   2449   2449   com.example.activ...   System.out   ------>onRestart()-----------
I   12-08 02:03:32.571   2449   2449   com.example.activ...   System.out   ------>onStart()-----------
I   12-08 02:03:32.581   2449   2449   com.example.activ...   System.out   ------>onResume()-----------
```

图 4-4　按下返回键返回到 Activity 调用的方法

```
I   12-08 02:06:15.861   2449   2449   com.example.activ...   System.out   ------>onPause()-----------
I   12-08 02:06:26.591   2449   2449   com.example.activ...   System.out   ------>onStop()-----------
I   12-08 02:06:26.591   2449   2449   com.example.activ...   System.out   ------>onDestroy()-----------
```

图 4-5　关闭 Activity 调用的方法

4.2 Android 组件通信

4.2.1 认识 Intent

在一个项目之中,会由多个 Activity 程序组成,那么此时,这多个 Activity 程序之间就需要进行通信,而这之间的通信就依靠 Intent 完成。如图 4-6 所示,通过 Intent 可以传递要操作的信息,同时也可以启动其他 Activity 程序。启动一个 Activity 的步骤如下。

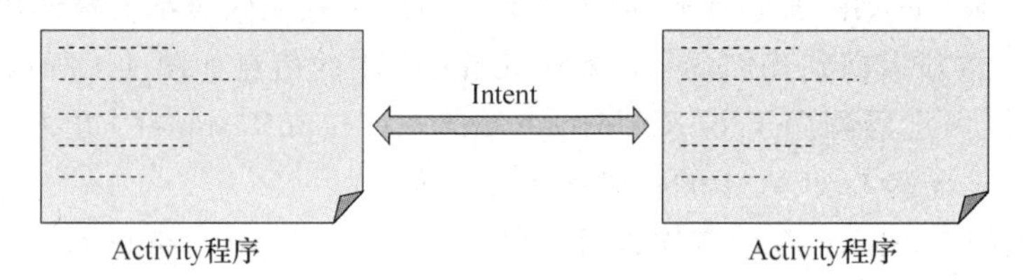

图 4-6 Intent 与 Activity 之间的关系

(1) 创建一个 Intent 对象。

(2) 指定当前上下文,即要启动的 Activity。

(3) 调用 startActivity 方法启动 Activity,参数为 Intent 对象。

实现这 3 个步骤只需要如下两行代码:

```
Intent intent = new Intent(FirstActivity.this,TwoActivity.class);
startActivity(intent);
```

以下将通过一个示例来详细讲解如何使用 Intent 启动新的 Activity。

实例 4-1 两个 Activity 间的跳转

1. 实例简介

本示例中包含 FirstActivity 和 TwoActivity 这两个 Activity 类,程序启动时默认启动 FirstActivity 这个 Activity,启动画面如图 4-7 所示。在图 4-7 的界面中,单击"跳转到 Activity2"按钮后,程序启动 TwoActivity 这个 Activity,界面如图 4-8 所示。

图 4-7 启动 FirstActivity

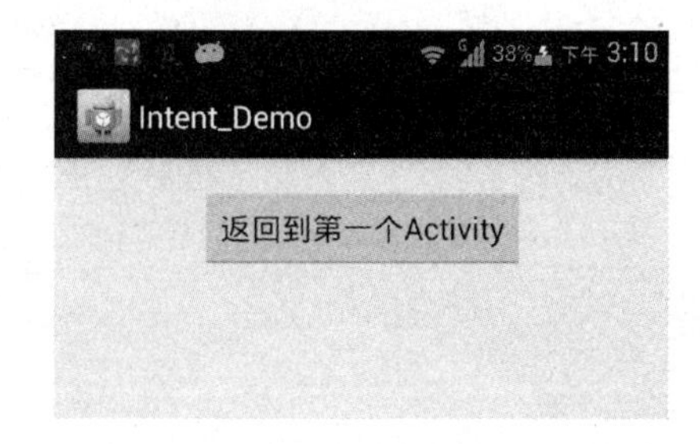

图 4-8 跳转到 Activity2

2. 实例程序讲解

(1) 界面设计。定义 FirstActivity 的布局文件 first_main.xml,代码如下:

```
<RelativeLayout xmlns:android="http://schemas.android.com/apk/res/android"
    xmlns:tools="http://schemas.android.com/tools"
```

```
    android:layout_width="match_parent"
    android:layout_height="match_parent"
    android:paddingBottom="@dimen/activity_vertical_margin"
    android:paddingLeft="@dimen/activity_horizontal_margin"
    android:paddingRight="@dimen/activity_horizontal_margin"
    android:paddingTop="@dimen/activity_vertical_margin"
    tools:context=".FirstActivity" >
    <Button
        android:id="@+id/bt"
        android:layout_width="wrap_content"
        android:layout_height="wrap_content"
        android:layout_alignParentTop="true"
        android:layout_centerHorizontal="true"
        android:text="跳转到第二个 Activity" />
</RelativeLayout>
```

定义 TwoActivity 程序的布局文件 two_main.xml，代码如下：

```
<RelativeLayout xmlns:android="http://schemas.android.com/apk/res/android"
    xmlns:tools="http://schemas.android.com/tools"
    android:layout_width="match_parent"
    android:layout_height="match_parent"
    android:paddingBottom="@dimen/activity_vertical_margin"
    android:paddingLeft="@dimen/activity_horizontal_margin"
    android:paddingRight="@dimen/activity_horizontal_margin"
    android:paddingTop="@dimen/activity_vertical_margin"
    tools:context=".FirstActivity" >
    <Button
        android:id="@+id/bt"
        android:layout_width="wrap_content"
        android:layout_height="wrap_content"
        android:layout_alignParentTop="true"
        android:layout_centerHorizontal="true"
        android:text="返回到第一个 Activity" />
</RelativeLayout>
```

(2) 程序设计。定义 FirstActivity.java，代码如下：

```
……………………省略导包部分代码…………………………
public class FirstActivity extends Activity {
    Button bt;
    @Override
    protected void onCreate(Bundle savedInstanceState) {
        super.onCreate(savedInstanceState);
```

```
            setContentView(R.layout.first_main);
            bt = (Button) findViewById(R.id.bt);
            bt.setOnClickListener(new OnClickListener() {
                @Override
                public void onClick(View arg0) {
                    // 创建 Intent 对象，设置要跳转的 Activity 类
                    Intent intent = new Intent(FirstActivity.this,
                                    TwoActivity.class);
                    // 启动该 Intent 对象,实现跳转
                    startActivity(intent);
                }
            });
        }
    }
```

定义 TwoActivity.java,代码如下：

```
……………………省略导包部分代码…………………………
public class TwoActivity extends Activity {
    Button bt;
    @Override
    protected void onCreate(Bundle savedInstanceState) {
        super.onCreate(savedInstanceState);
        setContentView(R.layout.two_main);
        bt = (Button) findViewById(R.id.bt);
        bt.setOnClickListener(new OnClickListener() {
            @Override
            public void onClick(View arg0) {
                // TODO Auto-generated method stub
                Intent intent = new Intent();         //创建 Intent 对象
                intent.setClass(TwoActivity.this, FirstActivity.class);
                        //设置要跳转的 Activity 类
                startActivity(intent);         //启动该 Intent 对象,实现
跳转
            }
        });
    }
}
```

【注意】:由于在本例中添加了一个 Activity,所以必须在配置文件 AndroidManifest.xml 中注册,否则会报错。初始的 Activity 自动注册过了,但是新建的 Activity 需要手动注册。实现代码如下：

```
<? xml version="1.0" encoding="utf-8"? >
```

```
<manifest xmlns:android="http://schemas.android.com/apk/res/android"
    package="com.example.intent_demo"
    android:versionCode="1"
    android:versionName="1.0" >
    <uses-sdk
        android:minSdkVersion="8"
        android:targetSdkVersion="18" />
    <application
        android:allowBackup="true"
        android:icon="@drawable/ic_launcher"
        android:label="@string/app_name"
        android:theme="@style/AppTheme" >
        <activity
            android:name="com.example.intent_demo.FirstActivity"
            android:label="@string/app_name" >
            <intent-filter>
                <action android:name="android.intent.action.MAIN" />
                <category android:name="android.intent.category.LAUNCHER" />
            </intent-filter>
        </activity>
        <activity android:name="TwoActivity" >
        </activity>
    </application>
</manifest>
```

当程序中出现两个以上的 Activity 时，系统要如何决定主程序是哪一个呢？以本例来说，AndroidManifest.xml 中 FirstActivity 的定义如下：

```
<activity
            android:name="com.example.intent_demo.FirstActivity"
            android:label="@string/app_name" >
            <intent-filter>
                <action android:name="android.intent.action.MAIN" />
                <category android:name="android.intent.category.LAUNCHER" />
            </intent-filter>
        </activity>
```

上述代码中，第 5、6 行表示程序启动时，会先运行 FirstActivity 这个 Activity，而不是 TwoActivity。这个参数必须要被定义，如果 XML 中没有一个 Activity 设置这个参数，则程序将不会被运行。

那么如何在 Activity 之间传递数据呢？只要在需要传递数据的 Activity 中使用 Intent 的 putExtra 方法，将一个值以键值对的形式附加到 Intent 对象，再在需要接收这些数据的 Activity 中使用 getXXXExtra 方法，即可从启动该 Activity 的 Intent 中获取附加的数据，其中

XXX 为数据类型。下面通过一个实例来说明。

实例 4-2　注册账号并登录

1. 实例简介

本实例实现了一个简单的注册账号并登录的功能，在注册界面，输入用户名和密码后，单击"提交"按钮，跳转到登录界面，同时将用户名和密码数据传入。在登录界面输入刚才注册的用户名和密码后，单击"登录"按钮，显示登录成功。若输入的用户名或者密码与注册的信息不符，则显示"输入错误，请确认后再输入"。

2. 运行效果

实例运行效果如图 4-9 所示。

图 4-9　账号注册运行效果图

3. 实例程序讲解

(1) 界面设计。定义注册 **RegisterActivity** 程序的布局文件 **main.xml**,代码如下:

```
<LinearLayout xmlns:android="http://schemas.android.com/apk/res/android"
    android:layout_width="fill_parent"
    android:layout_height="fill_parent"
    android:orientation="vertical" >
    <LinearLayout
        android:layout_width="match_parent"
        android:layout_height="wrap_content" >
        <TextView
            android:layout_width="wrap_content"
            android:layout_height="wrap_content"
            android:text="输入用户名:"
            android:textSize="20dp" />
        <EditText
            android:id="@+id/userEdit"
            android:layout_width="match_parent"
            android:layout_height="wrap_content"
            android:ems="10" />
    </LinearLayout>
    <LinearLayout
        android:layout_width="match_parent"
        android:layout_height="wrap_content" >
        <TextView
            android:layout_width="wrap_content"
            android:layout_height="wrap_content"
            android:text="输入密码:"
            android:textSize="20dp" />
        <EditText
            android:id="@+id/passwordEdit"
            android:layout_width="match_parent"
            android:layout_height="wrap_content"
            android:ems="10"
            android:password="true" />
    </LinearLayout>
    <LinearLayout
        android:layout_width="match_parent"
        android:layout_height="wrap_content" >
        <TextView
            android:layout_width="wrap_content"
```

```
            android:layout_height = "wrap_content"
            android:text = "确认密码:"
            android:textSize = "20dp" />
        <EditText
            android:id = "@ + id/repasswordEdit"
            android:layout_width = "match_parent"
            android:layout_height = "wrap_content"
            android:ems = "10"
            android:password = "true" />
    </LinearLayout>
    <LinearLayout
        android:layout_width = "match_parent"
        android:layout_height = "wrap_content" >
        <Button
            android:id = "@ + id/submit"
            android:layout_width = "wrap_content"
            android:layout_height = "wrap_content"
            android:text = "提交" />
        <Button
            android:id = "@ + id/reset"
            android:layout_width = "wrap_content"
            android:layout_height = "wrap_content"
            android:text = "重置" />
    </LinearLayout>
</LinearLayout>
```

定义 Login 的 Activity 程序的布局文件 login. xml,代码如下:

```
<LinearLayout xmlns:android = "http://schemas.android.com/apk/res/android"
    android:layout_width = "fill_parent"
    android:layout_height = "fill_parent"
    android:orientation = "vertical" >
    <LinearLayout
        android:layout_width = "match_parent"
        android:layout_height = "wrap_content" >
        <TextView
            android:layout_width = "wrap_content"
            android:layout_height = "wrap_content"
            android:text = "输入用户名:"
            android:textSize = "20dp" />
        <EditText
            android:id = "@ + id/userEdit"
```

```
            android:layout_width = "match_parent"
            android:layout_height = "wrap_content"
            android:ems = "10" />
    </LinearLayout>
    <LinearLayout
        android:layout_width = "match_parent"
        android:layout_height = "wrap_content" >
        <TextView
            android:layout_width = "wrap_content"
            android:layout_height = "wrap_content"
            android:text = "输入密码:"
            android:textSize = "20dp" />
        <EditText
            android:id = "@ + id/passwordEdit"
            android:layout_width = "match_parent"
            android:layout_height = "wrap_content"
            android:ems = "10"
            android:password = "true" />
    </LinearLayout>
    <LinearLayout
        android:layout_width = "match_parent"
        android:layout_height = "wrap_content" >
        <Button
            android:id = "@ + id/login"
            android:layout_width = "wrap_content"
            android:layout_height = "wrap_content"
            android:text = "登录" />
    </LinearLayout>
</LinearLayout>
```

(2) 程序设计。定义 Activity 程序 RegisterActivity.java,代码如下:

```
…………………省略导包部分代码……………………
public class RegisterActivity extends Activity {
    private EditText usrEditText, passEditText, repassEditText;
    private Button submit, reset;
    String string;
    @Override
    protected void onCreate(Bundle savedInstanceState) {
        super.onCreate(savedInstanceState);
        setContentView(R.layout.main);
        usrEditText = (EditText) this.findViewById(R.id.userEdit);
```

```
        passEditText = (EditText) this.findViewById(R.id.passwordEdit);
        repassEditText = (EditText) this.findViewById(R.id.repasswordEdit);
        submit = (Button) this.findViewById(R.id.submit);
        reset = (Button) this.findViewById(R.id.reset);
        submit.setOnClickListener(new OnClickListener() {
            @Override
            public void onClick(View arg0) {
                // TODO Auto-generated method stub
                if (!passEditText.getText().toString()
                        .equals(repassEditText.getText().toString())) {
                    Toast.makeText(RegisterActivity.this, "两次输入的密码 不
一致,确认后再输入",
                            Toast.LENGTH_LONG).show();
                    passEditText.setText("");
                    repassEditText.setText("");
                }
                else if ((passEditText.getText().toString()
                        .equals(repassEditText.getText().toString())
&& passEditText
                        .getText().toString().length() > 6)
                        && (usrEditText.getText().toString().length()
> 6)) {
                    string = "\n 用户名:" + usrEditText.getText().toS-
tring()
                            + "\n 密码为:" + passEditText.getText().toS-
tring();
                    Toast.makeText(RegisterActivity.this,
                            "恭喜你,注册成功!!!!" + string,
    Toast.LENGTH_LONG).show();
                    // 跳转到登录界面
                    Intent intent = new Intent();
                    intent.putExtra("user", usrEditText.getText().toS-
tring());
                    intent.putExtra("password", passEditText.getText()
                            .toString());
                    intent.setClass(RegisterActivity.this, Login.class);
                    startActivity(intent);
                    // finish();
                } else {
                    Toast.makeText(RegisterActivity.this, "用户名或者密码
```

```
不能少于六位",
                                        Toast.LENGTH_LONG).show();
                            }
                        }
            });
            reset.setOnClickListener(new View.OnClickListener() {
                public void onClick(View v) {
                    usrEditText.setText("");
                    passEditText.setText("");
                    repassEditText.setText("");
                }
            });
        }
    }
```

定义 Activity 程序 Login.java，代码如下：

```
……………………省略导包部分代码…………………………
public class Login extends Activity {
    String user, password;
    private EditText editText1, editText2;
    private Button button;
    @Override
    public void onCreate(Bundle savedInstanceState) {
        super.onCreate(savedInstanceState);
        setContentView(R.layout.login);
        editText1 = (EditText) this.findViewById(R.id.userEdit);
        editText2 = (EditText) this.findViewById(R.id.passwordEdit);
        button = (Button) this.findViewById(R.id.login);
        button.setOnClickListener(new View.OnClickListener() {
            public void onClick(View v) {
                Intent intent = getIntent(); // 取得启动此程序的 Intent
                user = intent.getStringExtra("user"); // 取得用户名
                password = intent.getStringExtra("password"); // 取得密码
                if (user.equals(editText1.getText().toString())
                            && password.equals(editText2.getText().toString
()))) {
                    Toast.makeText(Login.this, "密码正确,登录成功",
    Toast.LENGTH_LONG)
                            .show();
                    editText1.setText("");
                    editText2.setText("");
```

```
                    }
                    Toast.makeText(Login.this, "输入错误,请确认后再输入",
Toast.LENGTH_LONG)
                            .show();
                }
            });
        }
}
```

最后记着在配置文件 AndroidManifest.xml 中注册。这里不再赘述。

4.2.2 Intent 深入

一个 Intent 对象其实就是信息的捆绑,它包含了接收该 Intent 的组件所需要的信息。通常 Intent 对象包括以下的一些属性。动作(Action)、数据(Data)、数据类型(Type)、操作类别(Category)、附加信息(Extras)、组件(Component)和标志(Flags)。下面重点讲解前两个属性。

(1) 动作(Action)

动作即为 Intent 要采取的行动。Android 提供了很多自带的动作,可以浏览网页、拨打电话等,如表 4-2 所示,用户也可以根据自己的需要定义 Intent 的动作。

表 4-2 Android 中提供的一些常用动作常量

动作	说明
ACTION_ANSWER	打开接听电话的 Activity,默认为 Android 内置的拨号界面
ACTION_ CALL	打开拨号界面并拨打电话,使用 URI 中的数字部分作为电话号码
ACTION_ DIAL	打开内置拨号盘界面,显示 URI 中提供的电话号码
ACTION_EDIT	打开一个 Activity,对所提供的数据进行编辑操作
ACTION_SEND	启动一个可以发送数据的 Activity
ACTION_SENDTO	启动一个 Activity,向数据提供的联系人发送信息
ACTION_VIEW	用于数据的显示

(2) 数据(Data)

数据即为动作要操作的数据,Android 中使用 URI 的方式来指向一个数据。例如,如果 Action 为 ACTION_ CALL,那么 Data 将为"tel:电话号码的 URI"。如果 Action 为 ACTION_VIEW,则 Data 为"http:网络地址的 URI"。

例如打开百度网页,可以设置如下数据:

```
Uri uri = Uri.parse("http://www.baidu.cn");
```

并且将操作的 Action 设置为 Intent.ACTION_VIEW 类型。

实例 4-3 打开网页

1. 实例简介

本实例的主要功能是实现用户在文本框中输入要访问的网址后,通过单击"Go"按钮,程序根据用户输入的网址生成一个 Intent,并调用 Android 内置的 Web 浏览器,打开指定的

Web 页面。

2. 运行效果

该实例运行效果如图 4-10(a)所示。

(a) 输入网址　　(b) 打开百度网页

图 4-10　打开网页运行效果

3. 实例程序讲解

(1) 界面设计。打开 res/layout 下面的 activity_main.xml 文件，在布局文件中添加一个 EditText 控件和一个 Button 控件，然后在 XML 文件中修改各个控件的属性，具体代码如下：

```
<LinearLayout xmlns:android="http://schemas.android.com/apk/res/android"
    android:layout_width="fill_parent"
    android:layout_height="fill_parent"
    android:orientation="horizontal" >
    <EditText
        android:id="@+id/url_ed"
        android:layout_width="240dp"
        android:layout_height="wrap_content"
        android:imeOptions="actionGo"
        android:inputType="textUri"
        android:lines="1" >
    </EditText>
    <Button
        android:id="@+id/go_bt"
        android:layout_width="wrap_content"
```

```
        android:layout_height = "wrap_content"
        android:text = "go" />
</LinearLayout>
```

(2) 程序设计。定义 Activity 程序，操作 Intent，具体代码如下：

```
…………………省略导包部分代码………………………
public class MainActivity extends Activity {
    private EditText url_ed;
    private Button go_bt;
    @Override
    protected void onCreate(Bundle savedInstanceState) {
        super.onCreate(savedInstanceState);
        setContentView(R.layout.activity_main);
        url_ed = (EditText) findViewById(R.id.url_ed);
        go_bt = (Button) findViewById(R.id.go_bt);
        go_bt.setOnClickListener(new OnClickListener() {
            @Override
            public void onClick(View arg0) {
                // TODO Auto-generated method stub
                Uri uri = Uri.parse(url_ed.getText().toString());
                Intent intent = new Intent(Intent.ACTION_VIEW, uri);
                 // 实例化 Intent,并指定 Action,设置数据
                startActivity(intent); // 启动 Activity
            }
        });
    }
}
```

分析上述代码，在按钮单击事件中，首先通过 URI 取得要操作的数据，随后设置了 Action 的类型为 ACTION_VIEW，打开程序后，输入网址“www. baidu. com”，单击按钮就可以访问 www. baidu. com 站点，运行效果如图 4-10(b)所示。

【注意】：在配置文件 AndroidManifest. xml 中增加一个<uses-permission>节点，添加网络连接权限，代码如下：

```
<uses-permission            //配置拨打电话的权限
        android:name = "android.permission.INTERNET" />
</manifest>
```

实例 4-4 拨打电话

1. 实例简介

拨打电话在 **Android** 系统中也可以直接通过程序的调用完成。如果要进行拨号程序的调用，则可以使用两种 **Action** 类型。

ACTION_DIAL：调用拨号程序，用户可以手工拨出电话。

ACTION_CALL：直接拨出电话。

2. 运行效果

本实例是用户通过文本框输入要拨打的电话号码，单击按钮后调用拨号界面，运行效果如图 4-11 所示。

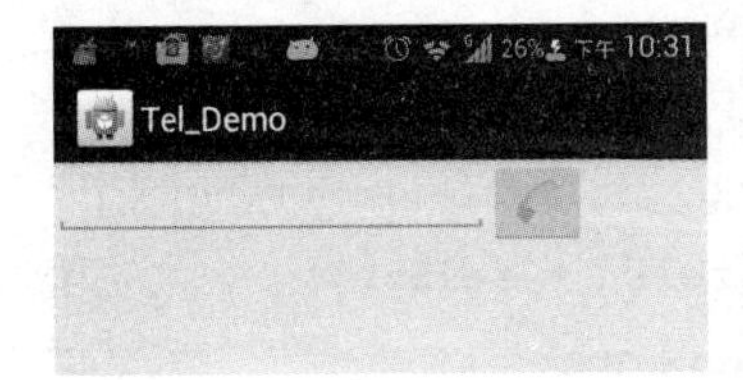

(a) 输入电话

(b) 正在拨出电话

图 4-11　拨打电话程序运行效果

3. 实例程序讲解

(1)界面设计。布局文件 main.xml，代码如下：

```
<LinearLayout xmlns:android="http://schemas.android.com/apk/res/android"
    android:layout_width="fill_parent"
    android:layout_height="fill_parent"
    android:orientation="horizontal" >
    <EditText
        android:id="@+id/tel_ed"
        android:layout_width="240dp"
        android:layout_height="wrap_content"
        android:inputType="phone"
        android:lines="1" >
    </EditText>
    <ImageButton
        android:id="@+id/call_bt"
        android:layout_width="wrap_content"
        android:layout_height="wrap_content"
        android:src="@android:drawable/sym_action_call" />
</LinearLayout>
```

(2) 程序设计。定义 Activity 程序，调用拨号操作，代码如下：

```
------------------------省略导包部分代码------------------------
public class MainActivity extends Activity {
    private EditText tel_ed;
    private ImageButton call_bt;
    @Override
    protected void onCreate(Bundle savedInstanceState) {
        super.onCreate(savedInstanceState);
        setContentView(R.layout.activity_main);
        tel_ed = (EditText) findViewById(R.id.tel_ed);
        call_bt = (ImageButton) findViewById(R.id.call_bt);
        call_bt.setOnClickListener(new OnClickListener() {
            @Override
            public void onClick(View arg0) {
                // TODO Auto-generated method stub
                String telStr = tel_ed.getText().toString() ;
                Uri uri = Uri.parse("tel:" + telStr) ;      // 指定数据
                Intent it = new Intent() ;                  // 实例化 Intent
                it.setAction(Intent.ACTION_CALL);           // 指定 Action
                it.setData(uri) ;                           // 设置数据
                startActivity(it);                          // 启动 Activity
            }
        });
    }
}
```

【注意】：上述程序想要真正地在 Android 手机上使用，则还需要在 AndroidManifest. xml 文件中增加一个<uses-permission>节点，表示电话允许拨出，代码如下：

```
<uses-permission            //配置拨打电话的权限
        android:name = " android.permission.CALL_PHONE "/>
</manifest>
<uses - permission android:name = "android.permission.INTERNET" />
```

实例 4-5　发送短信

1. 实例简介

在 Android 系统中，也提供了进行短信发送的 Intent 调用，如果想要在 Android 中调用发送短信的 Activity 程序，则需要按照以下步骤进行。

第一步：指定要接收短信的手机号码，如果不指定，则在短信接收人处将不会显示号码，用户要自己填写：Uri uri ＝ Uri. parse("smsto:" ＋ 10086) ；

第二步：可以直接通过附加信息设置短信的内容，而此时附加信息的名称为系统定义好的 sms_body：it. putExtra("sms_body", "您好")；

所设置的 Action 类型为 ACTION_SENDTO。

2. 运行效果

该实例运行效果如图 4-12 所示。

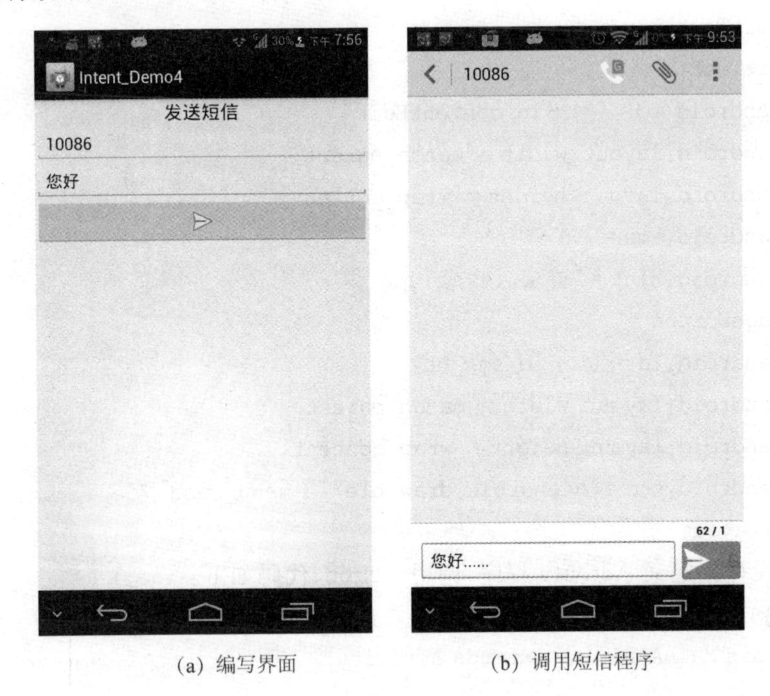

(a) 编写界面　　(b) 调用短信程序

图 4-12　发送短信程序运行效果

3. 实例程序讲解

(1) 界面设计。在本布局程序中,定义了两个 EditText,用于用户输入收信人的电话号码以及短信内容,还有一个 ImageButton 控件,用于发送短信,界面显示如图 4-12(a)所示。布局文件 main.xml 如下:

```
<LinearLayout xmlns:android = "http://schemas.android.com/apk/res/android"
    android:layout_width = "fill_parent"
    android:layout_height = "fill_parent"
    android:orientation = "vertical" >
    <TextView
        android:layout_width = "match_parent"
        android:layout_height = "wrap_content"
        android:gravity = "center_horizontal"
        android:text = "发送短信"
        android:textSize = "20dp" />
    <EditText
        android:id = "@ + id/telEdit"
        android:layout_width = "match_parent"
        android:layout_height = "wrap_content"
        android:ems = "10"
        android:hint = "请输入电话"
```

```
        android:inputType="phonc" >
        <requestFocus />
    </EditText>
    <EditText
        android:id="@+id/contentEdit"
        android:layout_width="match_parent"
        android:layout_height="wrap_content"
        android:ems="10"
        android:hint="请输入内容" />
    <ImageButton
        android:id="@+id/sms_bt"
        android:layout_width="match_parent"
        android:layout_height="wrap_content"
        android:src="@android:drawable/ic_menu_send" />
</LinearLayout>
```

(2) 程序设计。定义 Activity 程序,调用 Action,代码如下:

```
---------------------省略导包部分代码---------------------
public class MainActivity extends Activity {
    private ImageButton mybut;
    private EditText tel;
    private EditText content;
    @Override
    public void onCreate(Bundle savedInstanceState) {
        super.onCreate(savedInstanceState);
        setContentView(R.layout.activity_main);
        mybut = (ImageButton) findViewById(R.id.sms_bt);
        tel = (EditText) findViewById(R.id.telEdit);
        content = (EditText) super.findViewById(R.id.contentEdit);
        mybut.setOnClickListener(new OnClickListener() {
            @Override
            public void onClick(View arg0) {
                // TODO Auto-generated method stub
                String telStr = tel.getText().toString();     // 接收人电话
                String note = content.getText().toString();   // 短信内容
                Uri uri = Uri.parse("smsto:" + telStr);       // 接收人手机
                Intent it = new Intent();                     // 实例化 Intent
                it.setAction(Intent.ACTION_SENDTO);           // 指定 Action
                it.putExtra("sms_body", note);                // 设置信息内容
                it.setType("vnd.android-dir/mms-sms");        // 设置 MIME 类型
                it.setData(uri);                              // 设置数据
```

```
                startActivity(it);                                // 启动 Activity
            }
        });
    }
}
```

实例 4-6　发送 Email

Email 在实际生活中应用很广泛，而在 Android 中也可以进行 Email 的发送。但需要注意的是，如果想要进行 Email 的发送，则必须在手机上运行。

1. 运行效果

该实例在真机上的运行效果如图 4-13 所示。

(a) 编写邮件　　　　(b) 发送邮件

图 4-13　发送邮件程序运行效果

2. 实例程序讲解

(1) 界面设计

在本布局程序中，定义了 3 个 EditText，用于用户输入收件人的地址、邮件标题和邮件内容，还有一个 ImageButton 控件，用于发送邮件，界面显示如图 4-13(a)所示。布局文件 main.xml 如下：

```
<LinearLayout xmlns:android = "http://schemas.android.com/apk/res/android"
    android:layout_width = "fill_parent"
    android:layout_height = "fill_parent"
    android:orientation = "vertical" >
    <TextView
        android:layout_width = "match_parent"
        android:layout_height = "wrap_content"
```

```
            android:gravity="center_horizontal"
            android:text="发送 Email"
            android:textSize="20dp" />
        <EditText
            android:id="@+id/addressEdit"
            android:layout_width="match_parent"
            android:layout_height="wrap_content"
            android:ems="10"
            android:hint="收件人地址"
            android:inputType="textEmailAddress">
            <requestFocus />
        </EditText>
        <EditText
            android:id="@+id/subjectEdit"
            android:layout_width="match_parent"
            android:layout_height="wrap_content"
            android:ems="10"
            android:hint="邮件标题" />
        <EditText
            android:id="@+id/contentEdit"
            android:layout_width="match_parent"
            android:layout_height="wrap_content"
            android:ems="10"
            android:hint="邮件内容" />
        <ImageButton
            android:id="@+id/bt"
            android:layout_width="match_parent"
            android:layout_height="wrap_content"
            android:src="@android:drawable/sym_action_email" />
    </LinearLayout>
```

(2) 程序设计。定义 Activity 程序，发送普通文本邮件，代码如下：

```
----------------------- 省略导包部分代码 -----------------------
public class MainActivity extends Activity {
    private ImageButton mybut;
    private EditText address_ed,subject_ed,content_ed;
    @Override
    public void onCreate(Bundle savedInstanceState) {
        super.onCreate(savedInstanceState);
        setContentView(R.layout.activity_main);
        mybut = (ImageButton) findViewById(R.id.bt);
        address_ed = (EditText) findViewById(R.id.addressEdit);
```

```
        subject_ed = (EditText) findViewById(R.id.contentEdit);
        content_ed = (EditText) findViewById(R.id.contentEdit);
        mybut.setOnClickListener(new OnClickListener() {
            @Override
        public void onClick(View arg0) {
            // TODO Auto-generated method stub
            Intent intent = new Intent(Intent.ACTION_SEND) ;
            intent.setType("plain/text") ;                              // 设置类型
            String address[] = new String[]{address_ed.getText().toString()};
            String subject = subject_ed.getText().toString();
            String content = content_ed.getText().toString() ;
            intent.putExtra(Intent.EXTRA_EMAIL, address) ;              // 邮件地址
            intent.putExtra(Intent.EXTRA_SUBJECT, subject) ;            //邮件主题
            intent.putExtra(Intent.EXTRA_TEXT, content) ;               //邮件内容
            startActivity(intent) ;                                     // 执行跳转
        }
    });
  }
}
```

在本程序中的关键部分就在于设置所有的 Intent 附加内容上，本程序定义了 3 个附加内容，分别是 Intent. EXTRA_EMAIL：收件人地址；Intent. EXTRA_SUBJECT：邮件标题；Intent. EXTRA_TEXT：邮件内容。而且由于此时使用的是文本邮件，所以设置的类型为 plain/text。

4.2.3　广播和广播接收者

前面已经提到过，Intent 除了可以启动 Activity，还可以发送广播。Android 中，广播是一种传递信息的机制。而 BroadcastReceiver 是对发送出来的 Broadcast 进行过滤接收并响应的组件。Android 系统中内置了很多广播消息。比如电池没电提示、接收到短信会发送通知等，都是用广播机制来实现。

广播的使用非常简单。首先，构造一个 Intent 对象，调用 sendBroadcast()方法将广播发送出去，然后需要一个 Broadcast Receiver 接收该广播。创建一个 Broadcast Receiver 需要继承 BroadcastReceiver 类并实现 onReceiver 方法。同样的，广播组件也需要在 AndroidManifest. xml 中注册。下面通过一个实例来学习。

实例 4-7　Broadcast Receiver 的使用

1. 实例简介

创建一个 Activity，里面有一个 Button 控件，然后单击即发送广播。

2. 运行效果

该实例运行效果如图 4-14 所示。

图 4-14　广播实例

3. 实例程序讲解

布局文件只有一个按钮，在此忽略。

定义 Activity 程序，MainActivity.java 实现代码如下：

```
------------------省略导包部分代码---------------------------
public class MainActivity extends Activity {
    EditText ed;
    Button bt;
    @Override
    protected void onCreate(Bundle savedInstanceState) {
        super.onCreate(savedInstanceState);
        setContentView(R.layout.activity_main);
        ed = (EditText) findViewById(R.id.ed);
        bt = (Button) findViewById(R.id.bt);
        bt.setOnClickListener(new OnClickListener() {
            public void onClick(View view) {
                // 创建 Intent 对象，声明动作
                Intent intent = new Intent("com.example.broadcast_demo");
                intent.putExtra("message", ed.getText().toString());
                sendBroadcast(intent);      // 发送广播
            }
        });
    }
```

```
}
```

代码中通过 Intent 的动作创建 Intent 对象。再次提醒，动作需要是唯一的字符串，最好使用包名。接下来创建一个 BroadcastReceiver。MyReceiver. java 实现代码如下：

```
-----------------省略导包部分代码-----------------------------
public class MyReceiver extends BroadcastReceiver {
    @Override
    public void onReceive(Context context, Intent intent) {
        // TODO Auto-generated method stub
        String msg = intent.getStringExtra("message");
        Toast.makeText(context, msg, Toast.LENGTH_SHORT).show();
    }
}
```

代码中在收到广播消息后发送 Toast 消息提示。最后在 AndroidManifest. xml 中加入<receiver>节点，并且加入过滤器过滤发送广播声明的动作。实现代码如下：

```
<?xml version="1.0" encoding="utf-8"?>
<manifest xmlns:android="http://schemas.android.com/apk/res/android"
    package="com.example.broadcast_demo"
    android:versionCode="1"
    android:versionName="1.0" >
    <uses-sdk
        android:minSdkVersion="8"
        android:targetSdkVersion="18" />
    <application
        android:allowBackup="true"
        android:icon="@drawable/ic_launcher"
        android:label="@string/app_name"
        android:theme="@style/AppTheme" >
        <activity
            android:name="com.example.broadcast_demo.MainActivity"
            android:label="@string/app_name" >
            <intent-filter>
                <action android:name="android.intent.action.MAIN" />
              <category android:name="android.intent.category.LAUNCHER" />
            </intent-filter>
        </activity>
        <receiver android:name=".MyReceiver" >
            <intent-filter>
                <action android:name="com.example.broadcast_demo" />
```

```
            </intent-filter>
        </receiver>
    </application>
</manifest>
```

实例 4-8　定时振动提醒的闹钟

1. 实例简介

该实例中介绍了如何创建一个闹钟。创建闹钟主要使用了 **AlarmManager**,可以将它看作一个定时器。使用方法也非常简单。

第一步,通过如下代码获得 **AlarmManager** 实例:

```
AlarmManager am = (AlarmManager) getSystemService(Activity.ALARM_SERVICE);
```

第二步,通过 set 或者 setRepeating 方法来设置闹钟,代码如下:

```
am.set(AlarmManager.RTC_WAKEUP, c.getTimeInMillis(), pIntent);
```

代码中的 pIntent 为 PendingIntent 类对象,PendingIntent 可以看作一个 Intent 的包装,通常通过 getActivity、getBroadcast、getService 来得到 PendingIntent 的实例。可以把它理解为一个延时的 Intent,和 Intent 的及时启动不同,它可以由外部应用启动。也就是说,当时执行 PendingIntent 的实例已经销毁了,它还是可以被执行。创建 PendingIntent 的实例代码如下:

```
pIntent = PendingIntent.getBroadcast(MyAlarm.this, 0, intent, 0);
```

2. 运行效果

该实例运行效果如图 4-15、图 4-16、图 4-17 所示。

图 4-15　开启闹钟界面

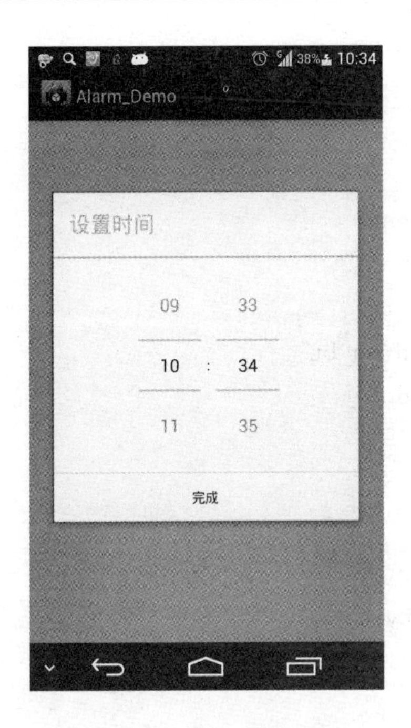

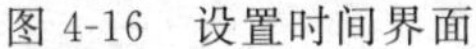

图 4-16　设置时间界面

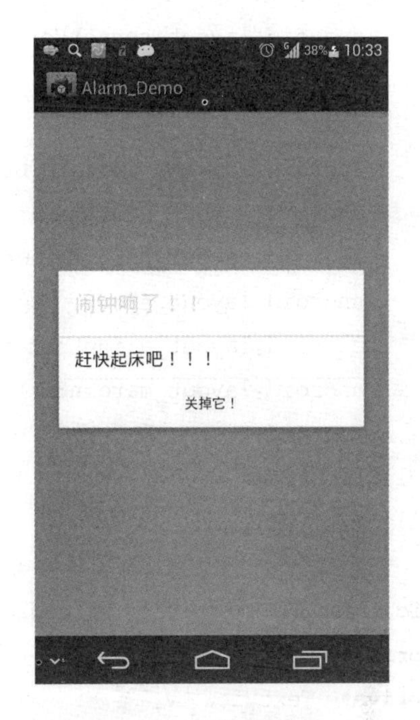

图 4-17　闹钟提醒界面

3. 实例程序讲解

该实例工程有 3 个类实现，分别是 AlarmActivity、AlarmReceiver 和 CallAlarm。

首先写一个 Activity，上面只有两个 Button，分别是设置闹钟和取消闹钟，同时用一个 TextView 显示闹钟状态，如图 4-15 所示，布局代码及 Activity 代码如下：

(1) main.xml

```
<RelativeLayout xmlns:android = "http://schemas.android.com/apk/res/android"
    xmlns:tools = "http://schemas.android.com/tools"
    android:layout_width = "match_parent"
    android:layout_height = "match_parent"
    android:paddingBottom = "@dimen/activity_vertical_margin"
    android:paddingLeft = "@dimen/activity_horizontal_margin"
    android:paddingRight = "@dimen/activity_horizontal_margin"
    android:paddingTop = "@dimen/activity_vertical_margin"
    tools:context = ".MainActivity" >
    <TextView
        android:id = "@ + id/tv"
        android:layout_width = "wrap_content"
        android:layout_height = "wrap_content" />
    <Button
        android:id = "@ + id/on_bt"
        android:layout_width = "wrap_content"
        android:layout_height = "wrap_content"
        android:layout_centerHorizontal = "true"
```

```
        android:layout_centerVertical = "true"
        android:text = "设置闹钟" />
    <Button
        android:id = "@ + id/off_bt"
        android:layout_width = "wrap_content"
        android:layout_height = "wrap_content"
        android:layout_above = "@ + id/on_bt"
        android:layout_alignLeft = "@ + id/on_bt"
        android:layout_marginBottom = "42dp"
        android:text = "取消闹钟" />
</RelativeLayout>
```

(2) AlarmActivity.java

```
--------------------省略导包部分代码------------------------
public class AlarmActivity extends Activity {
    private Button on_bt,off_bt;
    private TextView tv;
    private Calendar c;
    Intent intent;
    PendingIntent pIntent;
    AlarmManager am;
    @Override
    public void onCreate(Bundle savedInstanceState) {
        super.onCreate(savedInstanceState);
        setContentView(R.layout.activity_main);
        //取得各个对象
        on_bt = (Button) findViewById(R.id.on_bt);
        off_bt = (Button) findViewById(R.id.off_bt);
        tv = (TextView) findViewById(R.id.tv);
        //取得一个 Calendar 对象
        c = Calendar.getInstance();
        //取得一个 AlarmManager 对象
        am = (AlarmManager) getSystemService(Activity.ALARM_SERVICE);
        /*绑定监听器*/
        on_bt.setOnClickListener(new OnClickListener() {
            @Override
            public void onClick(View v) {
                /* 取得按下按钮时的时间做为 TimePickerDialog 的默认值 */
                c.setTimeInMillis(System.currentTimeMillis());
                int mHour = c.get(Calendar.HOUR_OF_DAY);
                int mMinute = c.get(Calendar.MINUTE);
```

```
                    //创建一个 TimePickerDialog
                    new TimePickerDialog(AlarmActivity.this, new OnTimeSetListener
() {
                        @Override
                         public void onTimeSet(TimePicker view, int hourOfDay, int
minute) {
                            /* 设置 Calendar 对象的时间 */
                        c.setTimeInMillis(System.currentTimeMillis());
                            c.set(Calendar.HOUR_OF_DAY, hourOfDay);
                            c.set(Calendar.MINUTE, minute);
                            c.set(Calendar.SECOND, 0);
                            c.set(Calendar.MILLISECOND, 0);
                            //创建 Intent 对象
                             intent = new Intent(AlarmActivity.this, AlarmReceiver.
class);
                            //创建 PendingIntent,发送广播
                              pIntent = PendingIntent.getBroadcast(AlarmActivity.
this, 0, intent, 0);
                            //设置闹钟
                              am.set(AlarmManager.RTC_WAKEUP, c.getTimeInMillis(),
pIntent);
                            //TextView 显示设置的时间
                            tv.setText("设置的闹钟时间为:" + hourOfDay + ":" + mi-
nute);
                    }
                },mHour, mMinute, true).show();
            }
        });
        off_bt.setOnClickListener(new OnClickListener() {
          @Override
          public void onClick(View v) {
            intent = new Intent(AlarmActivity.this, AlarmReceiver.class);
              pIntent = PendingIntent.getBroadcast(AlarmActivity.this, 0, intent, 0);
              am.cancel(pIntent);//取消闹钟
              tv.setText("闹钟取消");
            }
          });
        }
    }
```

在 Button 的单击事件中,弹出时间对话框来设置闹钟时间,如图 4-15 所示,通过 PendingIntent 发送广播消息。接下来就是注册一个广播接收器，代码非常简单，在 onReceiver 方法中启动一个 Activity，这个 Activity 只有一个对话框。

（3）AlarmReceiver.java

```
---------------------省略导包部分代码-------------------------
public class AlarmReceiver extends BroadcastReceiver {
    @Override
    public void onReceive(Context context, Intent intent) {
        // 创建一个 Intent 对象，跳转到 AlarmAlert
        Intent AlarmIntent = new Intent(context, CallAlarm.class);
        // 设置标识，为 Activity 新建一个任务
        AlarmIntent.addFlags(Intent.FLAG_ACTIVITY_NEW_TASK);
        // 启动 Activity
        context.startActivity(AlarmIntent);
    }
}
```

然后跳转到闹钟提醒界面，提醒界面中使用 AlertDialog 弹出提示对话框，并且开启振动提醒功能，运行效果如图 4-17 所示。代码如下：

（4）CallAlarm.java

```
---------------------省略导包部分代码-------------------------
public class CallAlarm extends Activity {
    Vibrator vibrator; // 创建振动对象
    @Override
    protected void onCreate(Bundle savedInstanceState) {
        super.onCreate(savedInstanceState);
        // 开启振动提醒
        vibrator = (Vibrator) getSystemService(Context.VIBRATOR_SERVICE);
        vibrator.vibrate(new long[] { 300, 500 }, 0);
        /* 创建一个对话框 */
        new AlertDialog.Builder(this)
                .setTitle("闹钟响了!!")
                .setMessage("赶快起床吧!!!")
                .setPositiveButton("关掉它!",
                        new DialogInterface.OnClickListener() {
                            @Override
                            public void onClick(DialogInterface dialog,
                                    int which) {
                              vibrator.cancel(); // 取消振动
                              finish();// 关闭该 Activity
                        }
                    }).show();
```

```
    }
}
```

(5) 最后，在 AndroidManifest. xml 文件中加上振动权限(阴影部分)。

```
<?xml version="1.0" encoding="utf-8"?>
<manifest xmlns:android="http://schemas.android.com/apk/res/android"
    package="com.example.alerm_demo"
    android:versionCode="1"
    android:versionName="1.0" >
    <uses-sdk
        android:minSdkVersion="8"
        android:targetSdkVersion="18" />
    <uses-permission android:name="android.permission.VIBRATE" />
    <application
        android:allowBackup="true"
        android:icon="@drawable/ic_launcher"
        android:label="@string/app_name"
        android:theme="@style/AppTheme" >
        <activity
            android:name="com.example.alerm_demo.AlarmActivity"
            android:label="@string/app_name" >
            <intent-filter>
                <action android:name="android.intent.action.MAIN" />
                <category android:name="android.intent.category.LAUNCHER" />
            </intent-filter>
        </activity>
        <activity android:name=".CallAlarm" ></activity>
        <receiver android:name=".AlarmReceiver" />
    </application>
</manifest>
```

4.3　媒体播放器

媒体播放器(MediaPlayer)包含了 Audio 和 Video 的播放功能，播放视频功能通常都是借助于 SurfaceView 共同完成。在介绍 MediaPlayer 时，先看看它内部的重要方法，如表 4-3 所示。

表 4-3　MediaPlayer 类常用的方法

方法	描述
create	通过上下文 Context 创建一个 MediaPlayer
getCurrentPosition	获得当前位置

续 表

方法	描述
getDuration	播放文件的时间
getVideoHeight	播放视频高度
getVideoWidth	播放视频宽度
isLooping	是否循环播放,返回 boolean 值,可以通过 setLooping()设置
isPlaying	是否正在播放,返回 boolean 值
pause	暂停播放
prepare	准备播放(同步),在播放前调用
prepareAsync	准备播放(异步),在播放前调用
release	释放 MediaPlayer 所占用的资源
reset	恢复 MediaPlayer 到未初始化状态
seekTo	指定媒体文件的播放位置
start	开始播放
stop	停止播放
setAudioStreamType	设置流媒体数据类型
setDataSource	指定媒体源
setDisplay	设置用传入的 SurfaceHolder 来显示多媒体
setScreenOnWhilePlaying	设置是否用 SurfaceHolder 来显示多媒体
setOnBufferingUpdateListener	对播放文件缓存的监听
setOnCompletionListener	监听播放文件播放完毕

播放媒体文件可以通过三种方式,下面一一介绍。

方法一:从源文件播放

(1) 在项目的 res/raw 文件夹下面放置一个 Android 支持的媒体文件,如 mp3 文件。

(2) 创建一个 MediaPlayer 实例,使用 MediaPlayer 的静态方法 create()。

(3) 调用 start()方法开始播放,调用 pause()方法暂停播放,调用 stop()方法停止播放。如果需重复播放,在调用 start()方法之前,必须调用 reset()和 prepare()方法。

代码举例:

```
MediaPlayer mp = MediaPlayer.create(this,R.raw.test);
mp.start();
```

方法二:从文件系统播放

(1) 实例化一个 MediaPlayer()。

(2) 调用 setDataSource()方法来设置想要播放文件的路径。

(3) 首先调用 prepare(),然后调用 start()播放。

代码举例:

```
MediaPlayer  mp = new MediaPlayer();
String path = "/sdcard/test.mp3";
try{
  mp.setDataSource(path);
```

```
        mp.prepare();
        mp.start();
    }
    catch (IOException e) {
        e.printStackTrace();
    }
```

方法三:从网络中播放

(1) 创建网络 URI 实例。

(2) 创建一个 MediaPlayer 实例,调用 MediaPlayer 的 create()方法,传递 URI。

(3) 调用 start()方法。

代码举例:

```
String path = "http://www.ouou.com:80/ququancheng/05.mp3";
Uri uri = Uri.parse(path);
mp = MediaPlayer.create(this, uri);
if(mp == null)
    System.out.println("create mediaplayer fail");
mp.start();
```

4.3.1 播放音频文件

下面通过一个实例来讲解音频文件的播放。

实例 4-9　简易音频播放器的设计

1. 实例简介

本实例是利用 MediaPlayer 和 ProgressBar 完成一个 MP3 的播放，ProgressBar 配合完成 MP3 播放条进度位置。

2. 运行效果

实例运行效果如图 4-18 所示。

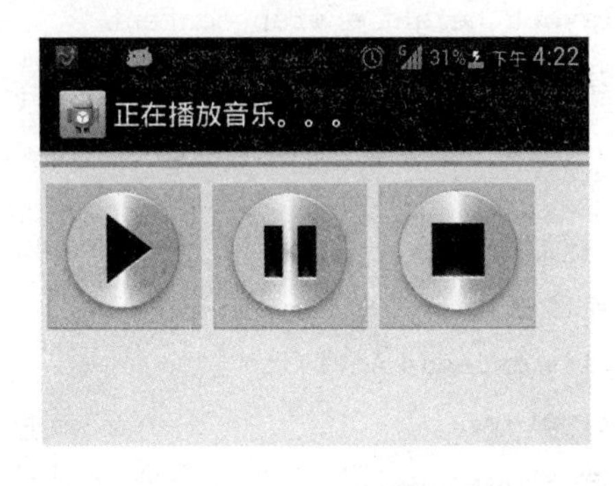

图 4-18　MP3 音乐播放布局图

3. 实例程序讲解

(1) 界面设计。创建布局文件,布局文件很简单,一个水平样式的 ProgressBar 和 3 个 ImageButton。代码如下:

```
<? xml version = "1.0" encoding = "utf-8"? >
```

```
<LinearLayout xmlns:android="http://schemas.android.com/apk/res/android"
    android:layout_width="fill_parent"
    android:layout_height="fill_parent"
    android:orientation="vertical" >
    <ProgressBar
        android:id="@+id/progress_horizontal"
        style="?android:attr/progressBarStyleHorizontal"
        android:layout_width="fill_parent"
        android:layout_height="wrap_content" />
    <LinearLayout
        android:layout_width="fill_parent"
        android:layout_height="wrap_content"
        android:orientation="horizontal" >
        <ImageButton
            android:id="@+id/play"
            android:layout_width="wrap_content"
            android:layout_height="wrap_content"
            android:src="@drawable/play" />
        <ImageButton
            android:id="@+id/pause"
            android:layout_width="wrap_content"
            android:layout_height="wrap_content"
            android:src="@drawable/pause" />
        <ImageButton
            android:id="@+id/stop"
            android:layout_width="wrap_content"
            android:layout_height="wrap_content"
            android:src="@drawable/stop" />
    </LinearLayout>
</LinearLayout>
```

(2) 程序设计。Activity 控制音频播放情况,MainActivity.Java 代码如下:

```
…………………省略导包部分代码……………………
public class MainActivity extends Activity {
    private ImageButton play;                        // 开始播放
    private ImageButton stop;                        // 停止播放
    private ImageButton pause;                       // 暂停播放
    private MediaPlayer mediaPlayer;                 // MediaPlayer 对象
    private ProgressBar progress_horizontal;         // 水平进度条对象
    private Handler handler;                         // 布局处理器
    boolean isPlaying;
```

```
                // 是否播放 true 播放状态、false 停止状态

    @Override
    public void onCreate(Bundle savedInstanceState) {
        super.onCreate(savedInstanceState);
        setContentView(R.layout.activity_main);
        setTitle("播放 MP3");
        play = (ImageButton) findViewById(R.id.play);
        stop = (ImageButton) findViewById(R.id.stop);
        pause = (ImageButton) findViewById(R.id.pause);
        progress_horizontal = (ProgressBar) findViewById(R.id.progress_hori-
zontal);
        // 初始化设置水平进度条不可见
        progress_horizontal.setVisibility(View.INVISIBLE);
        // 开始播放
        play.setOnClickListener(new View.OnClickListener() {
            @Override
            public void onClick(View arg0) {
                // 判断是否由暂停状态的重新播放
                if (mediaPlayer != null && isPlaying) {
                    mediaPlayer.start();
                    // 设置标题
                    setTitle("正在播放音乐...");
                } else {
                    try {
                        // 创建 MediaPlayer,Mp3 资源从资源库中获取
                        mediaPlayer =
   MediaPlayer.create(MainActivity.this,R.raw.song);
                        // 设置水平进度条可见
                        progress_horizontal.setVisibility(View.VISIBLE);
                        // 设置进度条最大进度
                        progress_horizontal.setMax(mediaPlayer.getDuration());
                        // 设置当前进度
                        progress_horizontal.setProgress(-1);
                        // 发消息给 Handler 处理 UI
                        handler.sendEmptyMessage(1);
                        // 开始播放
                        mediaPlayer.start();
                        // 设置当前为播放状态
                        isPlaying = true;
```

```
                        // 设置标题
                        setTitle("正在播放音乐。。。");
                        // 监听 mp3 播放完毕
                        mediaPlayer
                                .setOnCompletionListener(new
    OnCompletionListener() {
                                    @Override
                                    public void onCompletion(MediaPlayer
arg0) {
                                        isPlaying = false;
                        // 设置为不播放状态
                                        mediaPlayer.release();
                        // 播放完毕释放资源
                                    }
                                });
                    } catch (Exception e) {
                        e.printStackTrace();
                    }
                }
            }
        });
        // 停止播放
        stop.setOnClickListener(new View.OnClickListener() {
            @Override
            public void onClick(View arg0) {
                // 判断 mediaPlayer 不为 null 且在播放状态
                if (mediaPlayer ! = null && mediaPlayer.isPlaying()) {
                    // 停止播放
                    mediaPlayer.stop();
                    isPlaying = false;
                    // 设置标题
                    setTitle("停止播放音乐");
                }
            }
        });
        // 暂停播放
        pause.setOnClickListener(new View.OnClickListener() {
            @Override
            public void onClick(View arg0) {
                if (mediaPlayer ! = null && mediaPlayer.isPlaying()) {
```

```
                // 暂停播放
                mediaPlayer.pause();
                // 设置标题
                setTitle("暂停播放音乐");
            }
        }
    });
    // 更新 UI
    handler = new Handler() {
        @Override
        public void handleMessage(Message msg) {
            switch (msg.what) {
            case 1:
                if (mediaPlayer != null && mediaPlayer.isPlaying()) {
                    // 设置当前播放位置
                    progress_horizontal.setProgress(mediaPlayer
                            .getCurrentPosition());
                }
                try {
                    Thread.sleep(2000);// 睡眠 2 秒钟
                } catch (InterruptedException e) {
                    e.printStackTrace();
                }
                if (isPlaying) {
                    // 发送堆栈消息与 case 1 循环更新 UI
                    handler.sendEmptyMessage(1);
                } else {
                    // 如果处于停止状态则进度条进度归 0
                    progress_horizontal.setProgress(-1);
                }
                    break;

                default:
                    break;
                }
                super.handleMessage(msg);
            }
        };
    }
}
```

代码解释:代码中注意设置 ProgressBar 的最大进度值、当前进度值、进度值归零等各个方面的配合,其次,Handler 对 UI 的更新和更新频率,更重要的一点是监听播放完毕后一定要释放播放资源。

4.3.2 播放视频文件

MediaPlayer 除了可以播放音频之外,还可以播放视频,但是如果要播放视频,只依靠 MediaPlayer 是不够的,编写一个可以用于显示视频显示的空间,这就必须依靠 android. view. SurfaceView 组件。SurfaceView 组件封装了一个 Surface 对象,使用 Surface 对象可以完成对后台线程的控制,对于视频、3D 图形等需要快速更新或者高帧率的对象有很大的用处。

在 SurfaceView 类中,getHolder()方法是最常用的一个操作,此方法返回一个 android. view. SurfaceHolder 接口的实例化对象,而使用 SurfaceHolder 接口可以控制显示的大小、像素等。下面使用 SurfaceView 和 MediaPlayer 完成一个简单的视频播放器的制作。

实例 4-10　视频播放器的设计

1. 实例简介

在本程序中,对于视频播放控制依然使用 MediaPlayer 类中的 prepare()、start()和 stop() 3 个方法完成,随后在进行视频显示时,首先通过 SurfaceView 获得一个 SurfaceHolder 类的对象,此对象可以对视频显示的一些操作进行控制,之后再使用 MediaPlayer 类中的 setDisplay()方法将所有的显示操作交给 SurfaceView 组件完成。

2. 运行效果

本实例的运行效果如图 4-19 所示。

3. 实例程序讲解

(1) 界面设计。定义布局文件 main. xml,代码如下:

```
<? xml version = "1.0" encoding = "utf-8"? >
<LinearLayout
    xmlns:android = "http://schemas.android.com/apk/res/android"
    android:orientation = "vertical"
    android:layout_width = "fill_parent"
    android:layout_height = "fill_parent">
    <LinearLayout
        android:orientation = "horizontal"
        android:layout_width = "fill_parent"
        android:layout_height = "wrap_content">
        <ImageButton
            android:id = "@ + id/play"
            android:src = "@drawable/play"
            android:layout_width = "wrap_content"
            android:layout_height = "wrap_content" />
        <ImageButton
            android:id = "@ + id/stop"
            android:src = "@drawable/stop"
```

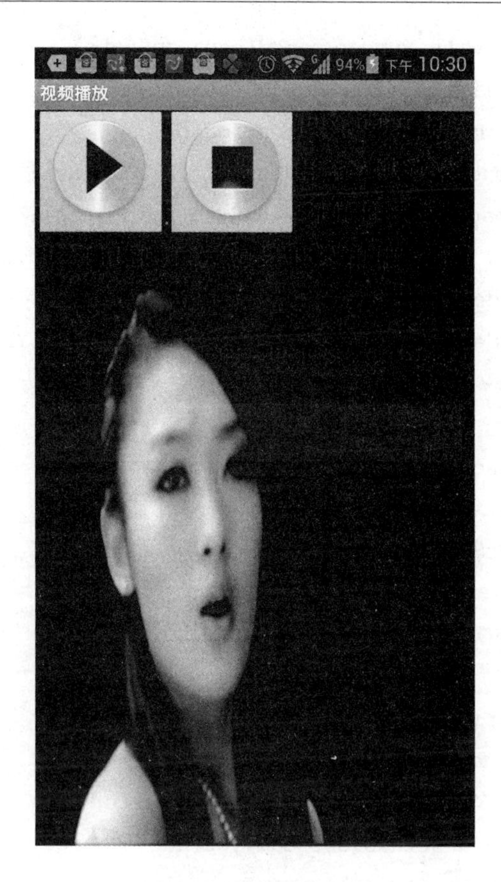

图 4-19　播放视频

```
        android:layout_width="wrap_content"
        android:layout_height="wrap_content" />
    </LinearLayout>
    <SurfaceView
        android:id="@+id/surfaceView"
        android:layout_width="fill_parent"
        android:layout_height="fill_parent" />
</LinearLayout>
```

(2) 程序设计。定义 Activity 程序，操作视频，代码如下：

```
…………………省略导包部分代码……………………
public class VideoPlayerDemo extends Activity {
    ImageButton play;
    ImageButton stop;
    MediaPlayer media;
    SurfaceView surfaceView;
    SurfaceHolder surfaceHolder;

    @Override
```

```
    public void onCreate(Bundle savedInstanceState) {
        super.onCreate(savedInstanceState);
        super.setContentView(R.layout.main);
        play = (ImageButton) findViewById(R.id.play);
        stop = (ImageButton) findViewById(R.id.stop);
        surfaceView = (SurfaceView) findViewById(R.id.surfaceView);
        surfaceHolder = surfaceView.getHolder();
        surfaceHolder.setType(SurfaceHolder.SURFACE_TYPE_PUSH_BUFFERS);
        media = new MediaPlayer();
        try {
            media.setDataSource("/sdcard/video.3gp");
        } catch (Exception e) {
            e.printStackTrace();
        }
        play.setOnClickListener(new OnClickListener() {

            @Override
            public void onClick(View arg0) {
                // TODO Auto-generated method stub
                media.setAudioStreamType(AudioManager.STREAM_MUSIC);
                media.setDisplay(surfaceHolder);
                try {
                    media.prepare();
                } catch (Exception e) {
                }
                media.start();
            }
        });
        stop.setOnClickListener(new OnClickListener() {

            @Override
            public void onClick(View arg0) {
                // TODO Auto-generated method stub
                media.stop();
            }
        });
    }

}
```

4.4 数据存储

数据处理是应用程序的核心，应用程序的一般数据存储方式主要分为三类：文件存储、数据库存储和网络存储。对Android平台而言，其存储方式同样是包括以上三种类型。但从开发者具体使用的角度划分，有以下的5种数据存储方式。

(1) 使用SharedPreferences存储数据：通过XML文件将一些简单的配置信息存储到设备中。只能在同一个包内使用，不能在不同的包之间使用。

(2) 使用文件存储数据：在Android中读取/写入文件，与Java中实现I/O的程序完全一样，提供了openFileInput()和openFileOutput()方法来写入和读取设备上的文件。

(3) 使用SQLite数据库存储数据：SQLite是Android自带的一个标准数据库，支持SQL语句，是一个轻量级的嵌入式数据库。

(4) 使用ContentProvider存储数据：主要用于应用程序之间进行数据交换，从而能够让其他应用读取或者保存某个ContentProvider的各种数据类型。

(5) 使用Internet网络存储数据：通过网络提供的存储空间来上传(存储)和下载(获取)在网络空间中的数据。我们主要介绍前三种类型。

4.4.1 轻量级的存储SharedPreferences

SharedPreferences是Android中提供的一种轻量级的存储方式。类似于Windows中的ini文件，Web中的Cookie。通常用它来保存一些配置文件、用户名和密码等。SharedPreferences用键值对的形式把简单数据类型(boolean、int、float、long和String)存储在应用程序的私有目录下的XML文件中。可以通过DDMS的File Explorer在/data/data/<package name>/share_prefs下找到该文件。

SharedPreferences的使用也非常简单。

第一步：获取SharedPreferences对象，获取该对象是通过调用Context.getSharedPreferences(String name,int mode)方法。该方法的第一个参数name为存储的XML文件名，mode为操作模式，一般有4种模式，如表4-4所示。

表4-4 SharedPreferences操作模式

模式	描述
Context.MODE_PRIVATE	私用，新数据将会覆盖原数据
Context.MODE_APPEND	新数据将会追加到原数据后
Context.MODE_WORLD_READABLE	允许其他应用程序读取
Context.MODE_WORLD_WRITEABLE	允许其他应用程序写入，将会覆盖原数据

第二步：需要获得SharedPreferences.Editor对象，通过调用SharedPreferences的edit()方法获得。

第三步：通过SharedPreferences.Editor的put×××方法以键值对的形式存储数据，其中×××为值的数据类型。最后调用该接口的commit方法对数据进行提交。这样文件就保存好了。

读取文件也非常简单，只要调用 SharedPreferences 对象的 get×××方法即可获得相应的数据。下面通过实例介绍来具体说明 SharedPreferences 的文件保存位置、保存格式及其读取。

实例 4-11　可记住用户名密码的登录界面

1. 实例简介

本实例实现了可以记住用户输入的用户名密码的功能，用户在界面上输入信息，然后退出这个应用。当这个应用重新开启时，刚刚输入的信息将被读取出来，并重新呈现在用户界面上。

2. 运行效果

该实例运行效果如图 4-20 所示。

图 4-20　SharedPreferences 存储示例

3. 实例程序讲解

该例中用户在输入框中输入用户名和密码，然后退出这个应用，在关闭 Activity 时将 SharedPreferences 进行保存。下次打开此界面的时候，保存在 SharedPreferences 的信息将被读取出来，程序会自动填写上次您输入的用户名和密码。

(1) 首先修改界面布局文件 main. xml，代码如下：

```
<? xml version = "1.0" encoding = "utf-8"? >
<LinearLayout xmlns:android = "http://schemas.android.com/apk/res/android"
    android:layout_width = "fill_parent"
    android:layout_height = "fill_parent"
    android:orientation = "vertical" >
```

```
    <TextView
        android:id = "@ + id/tv_name"
        android:layout_width = "wrap_content"
        android:layout_height = "wrap_content"
        android:text = "用户名"
        android:textSize = "20dp" />
    <EditText
        android:id = "@ + id/et_pwd"
        android:layout_width = "250dp"
        android:layout_height = "wrap_content"
        android:ems = "10"
        android:singleLine = "true" />
    <TextView
        android:id = "@ + id/tv_pwd"
        android:layout_width = "wrap_content"
        android:layout_height = "wrap_content"
      android:text = "密码"
        android:textSize = "20dp" />
    <EditText
        android:id = "@ + id/et_name"
        android:layout_width = "250dp"
        android:layout_height = "wrap_content"
        android:layout_centerHorizontal = "true" />
</LinearLayout>
```

(2) 在 Activity 文件 MainActivity. java 中处理相关内容，代码如下：

```
----------------------省略导包部分代码-------------------------
public class MainActivity extends Activity {
    private EditText et_name, et_pwd;
    private SharedPreferences sp;// 声明 SharedPreferences 对象
    @Override
    public void onCreate(Bundle savedInstanceState) {
        super.onCreate(savedInstanceState);
        setContentView(R.layout. main);
        /* 得到各个控件对象 */
        et_name = (EditText) findViewById(R.id.et_name);
        et_pwd = (EditText) findViewById(R.id.et_pwd);
        // 取得 SharedPreferences 对象
        sp = getSharedPreferences("my_data", Context.MODE_PRIVATE);
        // 从 my_data 文件中取得相应的键对应的值，为空则初始化为第二个参数的值
        String name = sp.getString("name", "");
```

```
        String pwd = sp.getString("pwd", "");
        // 设置各个控件显示的内容
        et_name.setText(name);
        et_pwd.setText(pwd);
    }
    /* 在 onStop 中保存数据 */
    @Override
    protected void onStop() {
        super.onPause();
        /* 取得输入框的内容 */
        String etname = et_name.getText().toString();
        String etpwd = et_pwd.getText().toString();
        // 取得 SharedPreferences.Editor 对象
        SharedPreferences.Editor editor = sp.edit();
        // 存储内容
        editor.putString("name", etname);
        editor.putString("pwd", etpwd);
        editor.commit();// 提交
    }
}
```

通过上述代码可以看出，在 onCreate 中使用 findViewByld 得到两个 EditView 后，使用 getSharedPreferences 取得 SharedPreferences 对象 my_data，然后使用 getString 取得其中保存的值，最后使用 setText 将其值设置为两个 EditText 的值。

而在程序运行 onStop 过程时，也就是在程序退出时，调用 edit()方法使其处于可以编辑状态，并使用 putString 将两个 EditText 中的值保存起来；最后使用 commit()方法提交即可保存。

SharedPreferences 保存到哪里去了？

本程序中在 onPause 中保存数据，文件默认会存储到/data/data/<package name>/files 目录下，因为上面例子的 package name（包名）为 com. example. sharedpreferences_demo，文件名为 my_data. xml，所以存放的路径为/data/data/com. example. sharedpreferences_demo/my_data，如图 4-21 所示。

Name	Size	Date	Time	Permissions
com.example.sharedpreferences_demo		2014-12-14	09:36	drwxr-x--x
cache		2014-12-14	09:36	drwxrwx--x
lib		2014-12-14	09:29	lrwxrwxrwx
shared_prefs		2014-12-14	09:36	drwxrwx--x
my_data.xml	143	2014-12-14	09:37	-rw-rw----

图 4-21　存储的 XML 文件

用 DDMS 工具导出文件，打开文件 my_data. xml 中的内容如下：

```
<? xml version = '1.0' encoding = 'utf-8' standalone = 'yes' ? >
<map>
    <string name = "pwd">111</string>
```

```
    <string name = "name">dxx</string>
</map>
```

4.4.2　文件存储

SharedPreferences 可以存储一些简单的配置文件，但是对复杂文件的存储却不是那么方便。为此 Android 提供了文件存储方式，可以将数据直接输出到文件中。

Android 中提供了 openFileOutput 和 openFileInput 方法来进行文件的读写。文件默认会存储到/data/data/<package name>/files 目录下。

openFileOutput()：openFileOutput()方法打开应用程序的私有文件，为写入数据做准备。在默认情况下，写入的时候会覆盖原文件内容，如果想把新写入的内容附加到原文件内容后，则可以指定其 mode 为 Context. MODE_APPEND；如果指定的打开文件不存在时，则创建一个新的文件。默认情况下，使用 openFileOutput 方法创建的文件只能被其调用的应用使用，其他应用无法读取这个文件。

openFileOutput()方法的语法格式如下：

```
public FileOutputStream openFileOutput(String name, int mode)
```

其中，第 1 个参数是文件名称，这个参数不可以包含描述路径的斜杠，也就是说，它并不允许我们去修改保存文件的路径；第 2 个参数是操作模式；方法的返回值是 FileOutputStream 类型。下面通过实例来加深理解。

实例 4-12　文件的写入和读取

本实例用来演示在内部存储器上进行文件的写入和读取。

1. 运行效果

运行效果如图 4-22 所示。

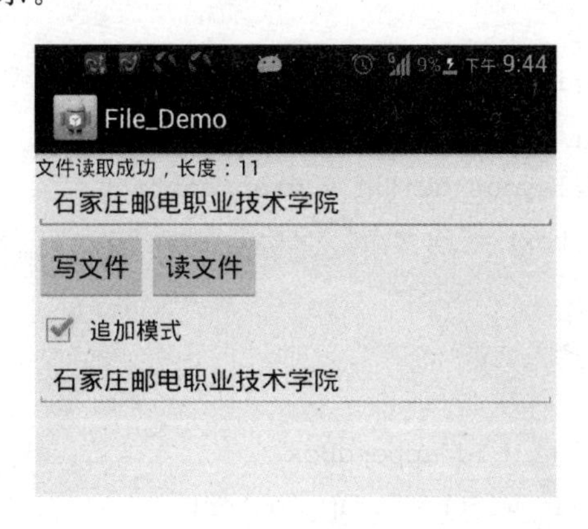

图 4-22　文件存储示例运行效果

2. 实例程序设计

(1) 界面设计。布局文件 main. xml 如下：

```
<? xml version = "1.0" encoding = "utf-8"? >
<LinearLayout xmlns:android = "http://schemas.android.com/apk/res/android"
    android:layout_width = "fill_parent"
    android:layout_height = "fill_parent"
    android:orientation = "vertical" >
```

```
<TextView
    android:id = "@ + id/tv"
    android:layout_width = "fill_parent"
    android:layout_height = "wrap_content"
    android:text = "" />
<EditText
    android:id = "@ + id/EditText01"
    android:layout_width = "fill_parent"
    android:layout_height = "wrap_content"
    android:height = "100px"
    android:text = "" >
</EditText>
<LinearLayout
    android:layout_width = "fill_parent"
    android:layout_height = "wrap_content"
    android:orientation = "horizontal" >
    <Button
        android:id = "@ + id/write"
        android:layout_width = "wrap_content"
        android:layout_height = "wrap_content"
        android:text = "写文件" >
    </Button>
    <Button
        android:id = "@ + id/read"
        android:layout_width = "wrap_content"
        android:layout_height = "wrap_content"
        android:text = "读文件" >
    </Button>
</LinearLayout>
<CheckBox
    android:id = "@ + id/appendBox"
    android:layout_width = "wrap_content"
    android:layout_height = "wrap_content"
    android:text = "追加模式" />
<EditText
    android:id = "@ + id/EditText02"
    android:layout_width = "fill_parent"
    android:layout_height = "wrap_content"
    android:height = "100px"
    android:text = "" >
```

```
    </EditText>
</LinearLayout>
```

(2) 程序设计。MainActivity.Java 代码如下：

```
---------------------省略导入部分代码---------------------
public class MainActivity extends Activity {
    private static final String FILE_NAME = "temp.txt";
    private Button bt_write, bt_read;
    private EditText ed_write, ed_read;
    private CheckBox appendBox;
    private TextView lable_tv;
    @Override
    public void onCreate(Bundle savedInstanceState) {
        super.onCreate(savedInstanceState);
        setContentView(R.layout.activity_main);
        bt_write = (Button) findViewById(R.id.write);
        bt_read = (Button) findViewById(R.id.read);
        lable_tv = (TextView)findViewById(R.id.tv);
        appendBox = (CheckBox) findViewById(R.id.appendBox);
        ed_write = (EditText) findViewById(R.id.EditText01);
        ed_read = (EditText) findViewById(R.id.EditText02);
        bt_write.setOnClickListener(new OnClickListener() {
            @Override
            public void onClick(View v) {
                write(ed_write.getText().toString());
            }
        });
        bt_read.setOnClickListener(new OnClickListener() {
            @Override
            public void onClick(View v) {
                ed_read.setText(read());
            }
        });
    }
    /* 读文件 */
    private String read() {
        try {
            FileInputStream fis = openFileInput(FILE_NAME);
            byte[] buffer = new byte[fis.available()];
            fis.read(buffer);
            String content = new String(buffer);
```

```java
            lable_tv.setText("文件读取成功,长度:" + content.length());
            return content;
        } catch (Exception e) {
            e.printStackTrace();
        }
        return null;
    }
    /* 写文件 */
    private void write(String content) {
        FileOutputStream fos;
        try {
            if (appendBox.isChecked()) {
                fos = openFileOutput(FILE_NAME, MODE_APPEND);
            } else {
                fos = openFileOutput(FILE_NAME, MODE_PRIVATE);
            }
            fos.write(content.getBytes());      //将数据写入文件
            lable_tv.setText("文件写入成功,写入长度:" + content.length());
            fos.close();
        } catch (Exception e) {
            e.printStackTrace();
        }
    }
}
```

运行该程序,存储到 files 目录下的文件如图 4-23 所示。

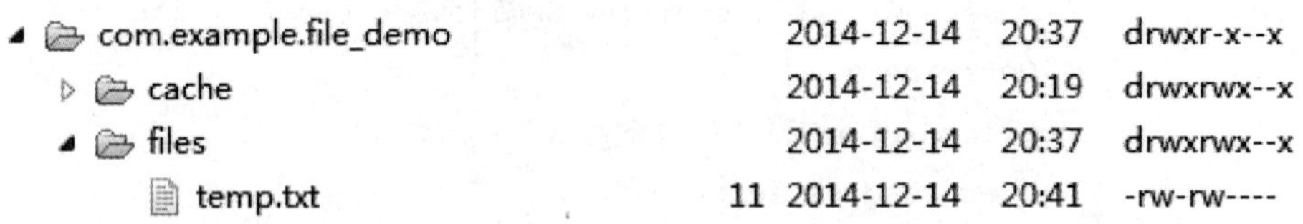

com.example.file_demo		2014-12-14	20:37	drwxr-x--x
cache		2014-12-14	20:19	drwxrwx--x
files		2014-12-14	20:37	drwxrwx--x
temp.txt	11	2014-12-14	20:41	-rw-rw----

图 4-23　存储的 txt 文件

4.4.3　数据库 SQLite

前面介绍的两种存储方式通常都会用来存储一些数据量较小的数据。如果要存储大量数据,那之前这两种方法就很难满足需要了。通常处理大量数据的方法就是使用数据库了。Android 提供了 SQLite 数据库用于大量数据的存储。

1. SQLite 简介

SQLite 是一个轻量级的、嵌入式的关系型数据库,用 C 语言编写并且开放源代码,主要针对嵌入式设备而专门设计，由于其本身占用的存储空间较小，所以目前已经在 Android 操作系统中广泛使用。

2. 用 SQLiteDatabase 进行数据库操作

数据库的操作一般包括创建数据库，打开数据库，创建表，在表中增加、修改、查询、删除数据，关闭数据库，删除表等。SQLiteDatabase 是 Android 核心类之一，代表了一个数据库对象。下面来学习如何使用该类来进行数据库的常用操作。

(1) 创建和打开数据库

创建和打开一个数据库可以使用 SQLiteDatabase 的静态方法 openOrCreatDatebase 或者使用上下文的 openOrCreateDatebase 方法来实现。两者会自动检测该数据库是否存在，存在则打开该数据库，不存在则创建该数据库。用前一种方法创建一个名为“mySQLite”的数据库的代码如下：

```
SQLiteDatabase
mSQLiteDatabase = openOrCreatDatebase("mySQLite.db",MODE_PRIVATE,NULL);
```

(2) 创建表

创建表操作非常简单，一个数据库中可以创建多个表。我们需要先写一个创建表的 SQL 语句，然后调用 SQLiteDatabase 的 execSQL 来执行该 SQL 语句，就可以创建表了。execSQL 能执行大部分的 SQL 语句。

如下代码创建了一个账户表，包含 3 个字段，分别是_id(主键且自动添加)、name、password。

```
String CREATE_TBL = " create table " + " account(_id integer primary key autoincre-
                    ment,name text, password text) ";
mSQLiteDatabase.execSQL(CREATE_TBL);
```

(3) 插入数据

插入数据有两种方法。一种是写一条插入的 SQL 语句，通过 execSQL 方法来执行。不过更方便的方法是使用 insert 方法。insert 方法的第三个参数为 ContentValues 对象。ContentValues 其实就是一个键值对的字段名称，键为表中的字段，值即为要插入的值。通过 ContentValues 的 put 方法即可将数据放到 ContentValues 对象中。实现方法如下：

```
ContentValues values  =  new ContentValues();
values.put("name", "zhangsan");
values.put("password", "111111");
mSQLiteDatabase .insert("account ", null, values);
```

(4) 删除数据

删除数据直接调用 delete(String table, String whereClause, String []whereArgs)方法，该方法中参数依次为：表名、删除条件、删除条件数组。如下代码删除 account 表中“_id”等于 1 的数据：

```
mSQLiteDatabase.delete("account ", "where _id = " + 1, null);
```

(5) 更新数据

更新数据可以使用 update(String table,ContentValues values, String whereClause,

String []whereArgs)方法来实现。通过如下代码可以修改 account 表中“_id”为 1 的账号密码为 123456：

```
ContentValues values = new ContentValues();
values.put("password","123456");
String where = "_id = ?"";
String []whereArgs = {String.valueOf(1)};
mSQLiteDatabase.update("account ",values,where,whereArgs);
```

(6) 查询数据

查询相对其他操作来说稍微复杂一些，通常可以通过 query(String table, String []columns, String selection, String []selectionArgs, String groupBy, String having, String orderBy)来实现。参数比较多，但熟悉 SQL 语句的容易发现，都是 SQL 语句中查询所要用到的常用内容，下面介绍如下。

table：表名；columns：列名数组；selection：条件，相当于 where；selectionArgs：条件数组；groupBy：分组；having：分组条件；orderby：排序。

query 方法会返回一个 Cursor 对象。Android 中的数据查询都是通过 Cursor 类来实现的，通过该类的一些方法，可以对查询的数据进行操作。

(7) 关闭数据库

这个操作也是非常重要的，但是却往往被遗忘。通过 close 方法来实现，实现代码如下：mSQLiteDatabase. close()；

3. 管理数据库 SQLiteOpenHelper

在 Android 中除了可以使用上一小节所讲的 SQLiteDatabase 来操作数据库外，还提供了一个帮助类 SQLiteOpenHelper。通过该类我们能更好地管理数据库的创建和版本的更新。一般的用法是创建一个类继承它，并且实现它的两个抽象方法 onCreate(SQLiteDatabase db) 和 onUpgrade(SQLiteDatabase db, int oldVersion, int newVersion) 分别用来创建和更新数据库。

SQLiteOpenHelper 会检测数据库是否存在，如果存在，则不会调用 onCreate 方法。也就是说，只有第一次创建数据库的时候才会调用 onCreate 方法来创建数据库。那么何时调用 onUpgrade 方法来更新数据库呢？

观察 onUpgrade 方法的参数可以发现，调用该方法需要传入 version，也就是版本这个参数。只有传入的 version 参数的值高于当前版本的时候，才会调用 onUpgrade 方法来更新数据库。在该方法里面，可以进行删除旧的表，创建新的表结构等更新操作。

通常通过实现继承自 SQLiteOpenHelper 类的构造函数来得到该类的对象，类似 DbHelper db=new db(this)这样的操作。但是要注意的是，这样并不能打开一个数据库。要对数据库进行读、写操作需要实现这样两个方法：getReadableDatabase()创建或打开一个只读的数据库；getWritableDatabase()创建或打开一个可读/写的数据库。下面通过一个实例来学习如何使用 SQLite 存取数据。

实例 4-13　个人通讯录的实现

1. 实例简介

本实例将实现个人通讯录的应用。用户输入姓名、电话、QQ 信息，单击“添加”按钮，通讯录将保存到数据库中,并以列表的形式显示出来,还可以删除任一条记录。

2. 运行效果

该实例运行效果如图 4-24 所示。在图 4-24(a)中单击“添加”按钮后,跳转到浏览收藏信息界面,如图 4-24(b)所示。若想删除某条记录,单击其中任一条信息,弹出删除对话框,如图 4-24(c)所示。选择“是”,则删除该条信息,如图 4-24(d)所示。

(a) 添加收藏界面　(b) 浏览收藏信息

(c) 删除提示界面　(d) 删除后的界面

图 4-24　个人通讯录

3. 实例程序讲解

(1) 首先创建一个 SQLite 的帮助类 DBHelper. java,在里面创建数据库及表单,并且添加一些方法对数据库的内容进行查询、更新、添加、删除等操作。代码如下：

```
    ---------------------省略导包部分代码----------------------
    public class DBHelper extends SQLiteOpenHelper {
        private static final String DB_NAME = "coll.db";          // 数据库名
        private static final String TBL_NAME = "CollTbl";         // 表名
        private static final String CREATE_TBL = " create table "
                + " CollTbl(_id integer primary key autoincrement,name text,mobile
text, qq text) ";
        private SQLiteDatabase db;
        /* 构造函数 */
        DBHelper(Context c) {
            super(c, DB_NAME, null, 2);
        }
        /* 创建数据库 */
        @Override
        public void onCreate(SQLiteDatabase db) {
            this.db = db;
            db.execSQL(CREATE_TBL);
        }
        /* 插入数据 */
        public void insert(ContentValues values) {
            SQLiteDatabase db = getWritableDatabase();
            db.insert(TBL_NAME, null, values);
            db.close();
        }
        /* 查询表单中的内容 */
        public Cursor query() {
            SQLiteDatabase db = getWritableDatabase();
            Cursor c = db.query(TBL_NAME, null, null, null, null, null, null);
            return c;
        }
        /* 删除表单的内容 */
        public void del(int id) {
            if (db == null)
                db = getWritableDatabase();
            db.delete(TBL_NAME, "_id = ?", new String[] { String.valueOf(id) });
        }
        /* 关闭数据库 */
        public void close() {
            if (db != null)
```

```
        db.close();
    }
    /* 更新数据库 */
    @Override
    public void onUpgrade(SQLiteDatabase db, int oldVersion, int newVersion) {
    }
}
```

(2) 接下来实现添加功能,add.xml 布局代码如下：

```
<?xml version="1.0" encoding="utf-8"?>
<LinearLayout xmlns:android="http://schemas.android.com/apk/res/android"
    android:layout_width="fill_parent"
    android:layout_height="fill_parent"
    android:layout_gravity="center_vertical"
    android:orientation="vertical">
    <TextView
        android:layout_width="wrap_content"
        android:layout_height="wrap_content"
        android:text="姓名:">
    </TextView>
    <EditText
        android:id="@+id/Name"
        android:layout_width="fill_parent"
        android:layout_height="wrap_content"
        android:text="">
    </EditText>
    <TextView
        android:layout_width="wrap_content"
        android:layout_height="wrap_content"
        android:text="电话:">
    </TextView>
    <EditText
        android:id="@+id/Mobile"
        android:layout_width="fill_parent"
        android:layout_height="wrap_content"
        android:text="">
    </EditText>
    <TextView
        android:layout_width="wrap_content"
        android:layout_height="wrap_content"
        android:text="QQ:">
```

```
    </TextView>
    <EditText
        android:id = "@ + id/QQ"
        android:layout_width = "fill_parent"
        android:layout_height = "wrap_content"
        android:height = "100px"
        android:text = "" >
    </EditText>
    <Button
        android:id = "@ + id/Bt_Add"
        android:layout_width = "wrap_content"
        android:layout_height = "wrap_content"
        android:text = "添加" >
    </Button>
</LinearLayout>
```

AddActivity.Java 代码如下：

```
--------------------省略导包部分代码----------------------
public class AddActivity extends Activity {
    private EditText et1, et2, et3;
    private Button b1;
    @Override
    public void onCreate(Bundle savedInstanceState) {
        super.onCreate(savedInstanceState);
        setContentView(R.layout.add);
        this.setTitle("添加通讯录");
        et1 = (EditText) findViewById(R.id.Name);
        et2 = (EditText) findViewById(R.id.Mobile);
        et3 = (EditText) findViewById(R.id.QQ);
        b1 = (Button) findViewById(R.id.Bt_Add);
        b1.setOnClickListener(new OnClickListener() {
            public void onClick(View v) {
                String name = et1.getText().toString();
                String mobile = et2.getText().toString();
                String qq = et3.getText().toString();
                ContentValues values = new ContentValues();
                values.put("name", name);
                values.put("mobile", mobile);
                values.put("qq", qq);
                DBHelper helper = new DBHelper(getApplicationContext());
                helper.insert(values);
```

```
            Intent intent = new Intent(AddActivity.this,
                        QueryActivity.class);
            startActivity(intent);
        }
      });
    }
}
```

(3) 编写 QueryActivity.java 类查询数据库中的信息并以列表的形式将通讯录中的信息显示出来,代码如下:

QueryActivity.java

```
--------------------省略导包部分代码--------------------
public class QueryActivity extends ListActivity {
    @Override
    public void onCreate(Bundle savedInstanceState) {
        super.onCreate(savedInstanceState);
        this.setTitle("浏览通讯录");
        final DBHelper helpter = new DBHelper(this);
        Cursor c = helpter.query();
        String[] from = { "_id", "name", "mobile", "qq" };
        int[] to = { R.id.text0, R.id.text1, R.id.text2, R.id.text3 };
        SimpleCursorAdapter adapter = new SimpleCursorAdapter(this,
                R.layout.row, c, from, to);
        ListView listView = getListView();
        listView.setAdapter(adapter);
        final AlertDialog.Builder builder = new AlertDialog.Builder(this);
        /* 单击弹出删除对话框 */
        listView.setOnItemClickListener(new OnItemClickListener() {
            @Override
            public void onItemClick(AdapterView<?> arg0, View arg1, int arg2,
                long arg3) {
            final long temp = arg3;
            builder.setMessage("真的要删除该记录吗?")
                    .setPositiveButton("是",
                            new DialogInterface.OnClickListener() {
                                public void onClick(DialogInterface dialog,
                                    int which){
                                helpter.del((int) temp);
                                Cursor c = helpter.query();
                                String[] from = { "_id", "name",
                                        "mobile", "qq" };
```

```
                                        int[] to = { R.id.text0, R.id.text1,
                                                R.id.text2, R.id.text3 };

                                        SimpleCursorAdapter adapter = new
SimpleCursorAdapter(
                                                getApplicationContext(),
                                                R.layout.row, c, from, to);
                                        ListView listView = getListView();
                                        listView.setAdapter(adapter);
                                    }
                                })
                    .setNegativeButton("否",
                            new DialogInterface.OnClickListener() {
                                public void onClick(DialogInterface dialog,
                                        int which) {

                                }
                            });
            AlertDialog ad = builder.create();
            ad.show();
        }
    });
    helpter.close();
  }
}
```

该列表绑定的布局代码 row.xml 如下：

```
<?xml version="1.0" encoding="utf-8"?>
<LinearLayout xmlns:android="http://schemas.android.com/apk/res/android"
    android:layout_width="fill_parent"
    android:layout_height="fill_parent"
    android:layout_gravity="center_vertical"
    android:orientation="horizontal">
    <TextView
        android:id="@+id/text0"
        android:layout_width="wrap_content"
        android:layout_height="wrap_content"
        android:paddingRight="10px" />
    <TextView
        android:id="@+id/text1"
        android:layout_width="wrap_content"
```

```
        android:layout_height = "wrap_content"
        android:paddingRight = "10px" />
    <TextView
        android:id = "@ + id/text2"
        android:layout_width = "wrap_content"
        android:layout_height = "wrap_content"
        android:paddingRight = "10px" />
    <TextView
        android:id = "@ + id/text3"
        android:layout_width = "wrap_content"
        android:layout_height = "wrap_content"
        android:paddingLeft = "10px" />
</LinearLayout>
```

AndroidManifest. xml

```
<? xml version = "1.0" encoding = "utf-8"? >
<manifest xmlns:android = "http://schemas.android.com/apk/res/android"
    package = "com.example.sql_demo"
    android:versionCode = "1"
    android:versionName = "1.0" >
    <uses-sdk
        android:minSdkVersion = "8"
        android:targetSdkVersion = "19" />
    <application
        android:allowBackup = "true"
        android:icon = "@drawable/ic_launcher"
        android:label = "@string/app_name"
        android:theme = "@style/AppTheme" >
        <activity
            android:name = "com.example.sql_demo.AddActivity"
            android:label = "@string/app_name" >
            <intent-filter>
                <action android:name = "android.intent.action.MAIN" />
                <category android:name = "android.intent.category.LAUNCHER" />
            </intent-filter>
        </activity>
        <activity
            android:name = "QueryActivity"></activity>
    </application>
</manifest>
```

本章小结

本章主要介绍了 Activity 的生命周期；详细介绍了 Android 中 Intent 的使用；学习了 Android 系统中数据存储的不同方式，包括 SharedPreferences、文件存储、SQLite；同时还讲述了 Android 中的多媒体技术。

练习题

4-1　简述 Android 数据存储方式有哪些。

4-2　简述 SharedPreferences 存储数据的基本步骤。

4-3　Android SQLite 数据库的操作方法有哪些？

4-4　编程题：编写 Android 应用程序，练习使用 SQLite 数据库。

参 考 文 献

[1] 张红，胡坚，等. Java 程序设计项目化教程[M]. 北京：高等教育出版社，2012
[2] 李钟蔚. JAVA 从入门到精通[M]. 北京：清华大学版社，2010
[3] Cay S. Horstmann. JAVA 核心技术[M]. 北京：机械工业出版社，2013
[4] 裴佳迪，马超，孙仁贵，等. Android 应用开发全程实录[M]. 北京：人民邮电出版社，2012
[5] 李兴华. Android 开发实战经典[M]. 北京：清华大学出版社，2012
[6] 余志龙，等. Android SDK 开发范例大全[M]. 北京：人民邮电出版社，2009
[7] 高彩丽，许黎民，袁海，等. Android 应用开发范例精解[M]. 北京：清华大学出版社，2012
[8] 谢景明，王志球，冯福锋. Android 移动开发教程(项目式)[M]. 北京：人民邮电出版社，2013
[9] 曾宏远，崔荔蒙. 从零开始学 Android 编程[M]. 北京：电子工业出版社，2012
[10] 王勇，等. Android 编程入门很简单[M]. 北京：清华大学出版社，2012